, éditeur, quai des Grands-Augustins, 41, **PARIS**.

...HÈQUE DE L'AGRICULTEUR PRATICIEN

...E L'AMÉLIORATION

DES

...CES BOVINES

EN FRANCE

...ticulièrement dans les départements de l'Est

PAR

...M. THÉODORE P. DE SAINT-FERJEUX

Membre de plusieurs Sociétés savantes.

DEUXIÈME ÉDITION

PRIX : 1 FR.

24 numéros par an, avec figures dans le texte. — Prix : 6 fr.

PARIS

...RIE CENTRALE D'AGRICULTURE ET DE JARDINAGE

QUAI DES GRANDS-AUGUSTINS, 41

1857

...OIN, éditeur, quai des Grands-Augustins, 41, **PARIS**.

DE L'AMÉLIORATION

DES

RACES BOVINES

EN FRANCE

Et particulièrement dans les départements de l'Est

DE L'AMÉLIORATION

DES

RACES BOVINES

EN FRANCE

Et particulièrement dans les départements de l'Est

PAR

M. Théodore P. DE SAINT-FERJEUX

Membre de plusieurs Sociétés savantes.

DEUXIÈME ÉDITION

PARIS

LIBRAIRIE CENTRALE D'AGRICULTURE ET DE JARDINAGE

QUAI DES GRANDS-AUGUSTINS, 41.

— **Auguste GOIN**, éditeur. —

1857

DE L'AMÉLIORATION

DES

RACES BOVINES

EN FRANCE

Et particulièrement dans les départements de l'Est

PAR

M. Théodore P. DE SAINT-FERJEUX

Membre de plusieurs Sociétés savantes.

DEUXIÈME ÉDITION

PARIS

LIBRAIRIE CENTRALE D'AGRICULTURE ET DE JARDINAGE

QUAI DES GRANDS-AUGUSTINS, 41.

— Auguste GOIN, éditeur. —

1857

PRÉFACE.

L'ouvrage sur l'*Amélioration des races bovines en France*, que nous publions dans la Bibliothèque rurale, a d'abord paru dans une revue, en 1855, et a été réimprimé la même année dans le format in-8°. Cette édition ayant été promptement épuisée, il est devenu nécessaire d'en publier une nouvelle.

Si cet ouvrage, qui n'avait été écrit que pour les départements de l'Est, et même plus particulièrement pour les départements de la Haute-Marne et de la Haute-Saône, est imprimé pour la troisième fois en moins de dix-huit mois, c'est que les observations qu'il renferme, quoique destinées seulement aux éleveurs d'une petite partie de la France, ont été généralement appréciées et ont jeté une nouvelle lumière sur la question de l'amélioration de l'espèce bovine, question si importante, si souvent discutée depuis trente ans et dont la solution est restée si controversée.

L'auteur de cet ouvrage n'est point venu proposer un nouveau système à expérimenter et dont les résultats pourraient être aussi infructueux que ceux produits par la plupart des essais qui ont été faits dans toutes les parties de la France.

Mais il a simplement fait cette réflexion : les Anglais ont des races d'animaux très-belles, d'une grande précocité, et qui, de plus, ont l'avantage immense d'offrir dans leurs produits une uniformité constante que n'ont point, en France, les animaux de nos races bovines. Les Anglais ont obtenu leurs beaux animaux en perfectionnant les races indigènes par des procédés connus et généralement appliqués en Angleterre. Nous avons jusqu'alors voulu, en France, améliorer nos races bovines par des moyens totalement opposés à ceux employés par les Anglais, et nous avons généralement échoué, après avoir dépensé des sommes très-considérables.

Si nous appliquons à l'amélioration de nos races bovines les procédés employés en Angleterre, il est probable que nous verrons le succès couronner les efforts de nos éleveurs, comme nous voyons chaque jour nos fabricants améliorer notre industrie ou même doter la France d'industries nouvelles en empruntant à l'Angleterre et aux autres nations leurs procédés de fabrication.

Ces réflexions si naturelles ont été généralement comprises, et c'est ce qui explique le succès de l'ouvrage sur l'*Amélioration des races bovines en France*. De nouvelles observations, ajoutées à cette édition, confirment encore les faits et les principes qui y sont énoncés.

Avril 1857.

———————

DE L'AMÉLIORATION

DES

RACES BOVINES

EN FRANCE

Et particulièrement dans les départements de l'Est

———>■<———

I.

Les comices agricoles et les sociétés d'agriculture s'occupent beaucoup, depuis quelques années, de l'amélioration de l'espèce bovine ; les primes, les médailles accordées aux éleveurs sont un puissant encouragement à améliorer les races qui existent en France ; et cependant, très-souvent, les améliorations obtenues n'ont point répondu aux efforts qui ont été faits.

Mais il est probable que l'on pourrait espérer obtenir des résultats plus avantageux que ceux qu'on a eus jusqu'alors, et surtout avoir des produits plus

constamment, plus régulièrement, plus uniformé-
ment remarquables, si l'on adoptait les procédés
qui ont été employés en Angleterre, pour former ces
magnifiques animaux qui font la richesse des éleveurs anglais et l'admiration de tous ceux qui se
sont occupés de l'éducation des animaux domestiques.

Le principal de ces procédés est celui qui consiste
à choisir, dans une race propre au pays que l'on
habite, et non dans une espèce étrangère, les animaux les plus remarquables, ceux qui offrent le
plus d'analogie dans leur constitution ; puis d'élever, parmi les produits qu'on en obtient, les animaux qui ont des qualités supérieures à celles des
producteurs, et de continuer à croiser ces nouveaux
produits entre eux, afin d'obtenir des animaux encore plus améliorés.

C'est surtout par ce procédé, auquel les Anglais
ont donné le nom de *sélection*, qu'ils sont parvenus
à former leurs races si belles, et c'est en suivant
cette voie que Robert Bakewell apporta une si
grande amélioration à la race à longues cornes,
connue sous le nom de Dishley, et que Charles Colling a en quelque sorte créé la race de Durham, la
plus remarquable de toutes. Rappeler les moyens
employés par Charles Colling c'est donc tracer la
marche à suivre pour avoir dans notre pays des résultats analogues à ceux qu'il a obtenus en Angleterre.

Charles Colling était un fermier, habitant, à la fin du siècle dernier, le comté de Durham, dans lequel on élevait une race bovine, connue sous le nom de Teeswater, assez belle, mais cependant très-ordinaire, si on la compare à la race qui en est sortie et porte aujourd'hui le nom de Durham. Charles Colling, voulant perfectionner la race Teeswater, ne chercha pas à obtenir cette amélioration par des croisements avec des animaux de race étrangère, mais il la fit sortir de la race elle-même, et voici dans quelles circonstances il commença, dit-on, ses essais de perfectionnement :

Robert Colling, frère de Charles Colling, ayant acheté une vache et son veau, appartenant à un pauvre homme, qui les nourrissait en les faisant paître sur la berge des grands chemins, Charles Colling fut frappé de l'état de prospérité dans lequel se trouvaient ces animaux, quoiqu'ils eussent été nourris dans les conditions les plus défavorables. Il pensa que, puisque avec une rare et mauvaise nourriture ils avaient pu acquérir un développement remarquable, ils devaient tenir de leur constitution leur aptitude à engraisser et pourraient devenir la souche d'une race qui offrirait l'avantage de donner des animaux acquérant de bonne heure un volume qu'on n'obtient ordinairement que plus tardivement et avec des frais de nourriture plus considérables.

Charles Colling se décida donc à acheter de son

frère cette vache et son veau. Ses prévisions ne furent d'abord que trop réalisées : car la vache, sous l'influence de la nourriture plus substantielle qui lui fut donnée, devint tellement grasse qu'elle mourut. Le veau, en grandissant, conserva les qualités qui l'avaient fait distinguer par Charles Colling et resta toujours plus gras qu'il ne convient ordinairement à un bon taureau. Cet animal, appelé Hubback, n'était point remarquable par sa taille, qui était au-dessous de la taille ordinaire de la race à laquelle il appartenait ; mais, en outre de sa disposition particulière à engraisser, il était d'une nature très-belle et avait des maniements très-remarquables.

C'est avec ce taureau que Charles Colling commença l'amélioration de la race de Durham. Les produits qu'il eut de cet animal furent accouplés entre eux ; et, de même que Bakewell avait obtenu par cette méthode, jusqu'alors regardée comme mauvaise, des produits très-remarquables, Charles Colling eut aussi des animaux supérieurs à ceux de la race à laquelle ils appartenaient.

A mesure que Charles Colling augmenta son troupeau, il lui donna des perfections nouvelles, en prenant toujours pour reproducteurs ceux de ces animaux chez lesquels il remarquait des qualités que les autres n'avaient point au même degré. C'est ainsi qu'en même temps qu'il augmentait les parties qui donnent une plus grande quantité de viande et de meilleure qualité, il diminuait la grosseur des os, le volume de la tête, enfin toutes les parties qui n'ont point de valeur. Par ce procédé, Charles Colling parvint à obtenir des animaux arrivant non-seulement à un poids extraordinaire, mais donnant une viande de première qualité, ayant généralement acquis leur développement à l'âge de deux à trois ans, et coûtant par conséquent beaucoup moins que les animaux des autres races qu'il faut nourrir jusqu'à l'âge de cinq ou six ans. Enfin, chose d'une grande importance, donnant des produits généralement tous également bons; tandis que, avec les races non perfectionnées, on n'a que la plus grande incertitude et la plus grande variété dans les produits.

La souche que Charles Colling avait améliorée, par les moyens que nous avons rappelés, fut vendue en 1810. Elle se composait de 47 animaux, dont 12 avaient moins d'un an, et leur vente monta à la somme de 177,895 fr. 23 c. Quelques-uns de ces animaux furent achetés à des prix très-élevés. Ainsi, une vache fut vendue 10,762 fr. 50 c., et la moyenne du prix des vaches dépassa 4,000 fr. Des veaux mâles au-dessous d'un an furent vendus près de 4,000 fr.

L'exemple de Charles Colling fut suivi en Angleterre par plusieurs éleveurs, et, entre autres, par Robert Colling, son frère, qui acquit aussi une grande réputation. La souche de Robert Colling fut vendue en 1818 ; elle se composait de 61 animaux, et le prix de la vente s'éleva à 196,455 fr. 25 c.

II.

La race améliorée par Charles Colling diffère d'une manière extraordinaire de la race dont elle est sortie, quoique, cependant, elle soit le produit des animaux de cette seule race, sans croisements avec d'autres races.

Bakevell, qui avait précédé Charles Colling dans l'amélioration des animaux domestiques, avait cru reconnaître que, si les croisements donnaient quelquefois de beaux produits, les qualités qui distinguaient ces produits ne se perpétuaient pas, et que d'un animal très-remarquable sortaient souvent des animaux fort ordinaires et même quelquefois défectueux. Aussi avait-il cherché à améliorer la race à longues cornes en accouplant entre eux, non-seulement des animaux de cette race, à l'exclusion de tout autre race, mais les animaux de la même famille, en choisissant toujours, parmi les produits obtenus, les animaux les plus perfectionnés pour perpétuer la souche. Et, de cette manière, il obtint des animaux bien supérieurs à ceux de la race à laquelle ils appartenaient, et ayant, en outre, à peu près constamment les mêmes qualités.

David Low, professeur d'agriculture à l'Université d'Edimbourg et auteur d'un magnifique ouvrage sur les animaux domestiques de l'Europe, raconte ainsi les travaux de Bakewell : « M. Bakewell adopta l'usage de produire ses animaux sans égard à leur consanguinité, à un degré qui n'avait peut-être jamais été atteint avant lui. Il suivit probablement ce système dès le début de ses expériences et finit par se renfermer exclusivement dans son propre troupeau ; on ne cite à cet égard qu'une seule exception, c'est une vache qu'il acheta de M. Harris, mais qui descendait, toutefois, de la souche dishley. Il obtint, pour résultat de cette méthode, une uniformité permanente des caractères de ces animaux et la formation d'une race distincte et bien définie. En outre, la reproduction continuelle entre animaux voisins de sang a pour effet de produire une délicatesse de tempérament et de conformation des produits. Elle diminue le volume des os et développe ainsi une tendance à la précocité (1). »

____

(1) On cite, comme preuve de l'incertitude et de la variété apportées dans les produits par le croisement d'animaux de races différentes, les effets résultant du croisement des différentes races de chiens. Lorsqu'on accouple des chiens de chasse de la même race, on a toujours des chiens semblables à ceux de la race à laquelle ils appartiennent. Si, au contraire, on accouple deux chiens de races différentes, on n'obtient pas des chiens offrant un mélange exact de la forme et des qualités des deux races, mais on a des chiens de formes et de qualités diverses. Les unes tiennent du père, les autres de la mère, d'autres offrent un mélange des deux races,

Charles Colling profita des expériences de Bakewell ;
mais celui-ci ne s'était attaché qu'à l'amélioration
des taureaux, et Charles Colling chercha également
à améliorer les vaches. Il choisit pour ses expériences une race bien préférable à celle que Bakewell s'était efforcé d'améliorer, et les résultats
obtenus par Charles Colling furent bien supérieurs à
ceux de Bakewell.

Après avoir amélioré la race de Durham par les
moyens que nous venons d'indiquer, Charles Colling
fit plusieurs essais de croisement avec des vaches
de races différentes. Ces croisements n'eurent au-
cun succès, si ce n'est une seule fois avec une
vache de Galloway. Il obtint de ce croisement un
taureau qu'il accoupla avec une vache de sa race
pure, et les animaux qui sortirent de cette souche
furent très-remarquables ; mais on doit faire observer qu'après être sorti une fois de sa souche, Charles
Colling y rentra aussitôt ; et M. de Sainte-Marie,
inspecteur général d'agriculture, pense avec raison

---

dans des proportions différentes ; très-souvent, certaines qualités
ont disparu ou se sont affaiblies.

Ainsi, au lieu de l'uniformité, de la certitude des produits, on
n'aura plus que la variété et l'incertitude la plus grande.

L'effet produit par le croisement dans l'espèce bovine est le
même que celui provenant du croisement des races canines, seulement dans l'espèce canine, le résultat est plus frappant, parce
qu'on peut l'apprécier en même temps, tandis que, dans l'espèce
bovine, on ne peut l'observer que dans les produits successifs.

que les animaux qui vinrent de ce croisement n'eurent bientôt plus qu'une faible portion de la race de Galloway.

David Low dit, en parlant de ce croisement essayé par Charles Colling : « L'opération de Colling ne fut, toutefois, qu'une expérience téméraire, dont le succès ne doit point diminuer le soin des éleveurs à conserver la pureté d'une famille d'animaux dont les caractères ont été bien établis. »

La conviction que les croisements produisent de mauvais résultats et apportent l'incertitude dans les produits est si bien établie en Angleterre, que, parmi les principaux éleveurs de ce pays, il en est beaucoup qui ne veulent point, encore aujourd'hui, acheter d'animaux provenant de ce croisement opéré par Charles Colling, et ne nourrissent que des animaux de race pure de tout mélange, parce qu'ils estiment avant tout la pureté du sang.

Aujourd'hui, le grand nombre d'animaux de la race de Durham qui existent en Angleterre permet de ne plus accoupler les animaux de la même famille, comme Charles Colling a été forcé de le faire ; mais, lorsque les éleveurs reconnaissent dans l'un de leurs animaux des qualités qu'ils désirent ajouter à la race, ils ont recours au moyen employé par Charles Colling ; car ils savent que c'est à ce procédé qu'il a dû ses plus beaux produits, et ils se souviennent qu'il accoupla un taureau avec sa mère

et le même taureau avec le produit de cet accouplement, qui se trouvait en même temps sa fille et sa
sœur, et que de cette alliance extraordinaire sortit
un taureau magnifique, appelé Comet, qui fut vendu
26,250 fr.

Par l'accouplement répété dans la famille, les
éleveurs parviennent, en effet, à fixer dans la race
des qualités qui, sans l'emploi de ce moyen, fussent
restées individuelles, et à augmenter l'amélioration
de la souche.

III

Ce qui a été fait, en Angleterre, par Bakewell, Charles Colling et les autres éleveurs qui ont suivi leur exemple, pourquoi ne le ferait-on pas en France, pour améliorer les races que nous possédons ?

Jusqu'alors, presque partout, on a voulu demander aux croisements avec des races étrangères l'amélioration des races indigènes. Les déceptions les plus complètes ont suivi l'adoption de ce système. Si quelques animaux remarquables sont sortis de ces croisements, on a vu que le plus grand nombre n'avaient les qualités d'aucune des races dont ils étaient le produit, et qu'au lieu d'avoir fait une amélioration, on était arrivé à une détérioration.

C'est ainsi qu'en croisant avec les grandes races suisses la race comtoise femeline, remarquable par sa finesse, par la qualité de sa viande, par sa facilité à engraisser, on a obtenu des animaux plus hauts de taille, il est vrai, mais ayant de gros os, une viande moins fine, engraissant plus difficilement, et, en outre, coûtant plus à nourrir.

On a voulu aussi importer des animaux étrangers, dans l'espérance qu'ils donneraient dans notre pays des produits analogues à ceux qu'on en obtient dans le leur; mais ici encore les espérances ont été déçues. Ainsi, les races suisses introduites en France n'ont n'ont pas tardé à y dégénérer, parce qu'elles n'ont pu y retrouver les pâturages si gras et si abondants des montagnes d'où elles étaient originaires. Il n'est personne qui ne puisse citer des faits à l'appui de ce que nous disons ici ; nous rapporterons, cependant, un essai tenté dans la Haute-Marne, parce que les circonstances dans lesquelles il a eu lieu lui donnent un intérêt tout particulier.

Un des éleveurs les plus riches de la Suisse, qui avait fait aux armées de la république française des fournitures pour des sommes fort importantes, reçut en paiement une terre très-considérable, située dans la Haute-Marne et qui avait été confisquée par l'Etat sur un émigré. Voulant se servir de cette propriété pour donner un nouveau développement à son commerce, l'éleveur suisse y fit amener de magnifiques troupeaux de vaches et de taureaux pris dans ses herbages de Suisse. Ces animaux, nourris, soignés par des bergers suisses, traités, sous tous les rapports, comme ils l'étaient en Suisse, ne tardèrent pas, cependant, à dégénérer, et, après quelques années, leur propriétaire fut forcé d'abandonner une entreprise qui lui avait coûté des sommes considérables et ne lui avait donné que des produits de plus en plus mauvais.

Tout ici, cependant, avait été fait pour que l'essai d'importation des races suisses réussît ; mais des animaux appartenant à une race élevée sur les pâturages gras, abondants et sans cesse arrosés qui croissent sur les montagnes de la Suisse, avaient été transportés dans les pâturages bien moins gras qui viennent sur les terrains calcaires de la Haute-Marne. Là, et là seulement, était là cause de l'insuccès que j'ai raconté ; on n'avait pu triompher de l'obstacle opposé par la nature.

Pendant que cette expérience si intéressante avait lieu dans la Haute-Marne, il s'en faisait une autre non moins instructive. Les éleveurs des campagnes environnant la localité où se trouvaient les animaux suisses dont nous venons de parler, avaient recherché avec empressement à faire des croisements de leurs vaches de petite taille avec les taureaux suisses, et ils avaient espéré obtenir de ce croisement des animaux bien supérieurs à la race indigène de la Haute-Marne ; mais, là encore, le résultat fut des plus déplorables.

Les produits des grands taureaux suisses ne pouvant se développer, pendant la gestation, dans les petites vaches de la race indigène, on obtint des veaux serrés de poitrine, ayant de grands os, une peau épaisse, les côtes et la cuisse plates. Les petites

vaches qui avaient produit ces grands veaux si défectueux ne pouvant leur donner, pendant l'allaitement, qu'un lait insuffisant, ces veaux se trouvèrent
généralement très-maigres à l'époque du sevrage et
exigèrent ensuite une nourriture beaucoup plus
abondante que celle donnée aux animaux indigènes.
Ils ne recouvrèrent point, en grandissant, les qualités qui leur manquaient, et ne furent que difficilement achetés par les bouchers, qui n'apprécient pas
beaucoup les animaux qui ont une grosse charpente
osseuse et point de viande.

Peu d'années après cet essai si déplorable, on
n'en apercevait plus de traces dans le pays où il
avait été tenté. Mais, comme on profite rarement de
l'expérience des autres, quelques années plus tard,
on vit, dans la Haute-Marne, l'administration et les
particuliers d'accord pour importer à grands frais
des taureaux suisses, dans l'espérance d'améliorer
la race du pays. Les mêmes causes que j'ai signa-
lées amenèrent les mêmes résultats; et l'on peut
voir encore aujourd'hui, dans les campagnes, un
assez grand nombre de vaches et de bœufs montés
sur de hautes jambes, les flancs creux, la poitrine
serrée, les hanches étroites, le poil long : c'est là le
triste produit du croisement des taureaux suisses
avec les vaches indigènes.

Le croisement de la race suisse avec la race
comtoise a donné, dans la Haute-Saône, des résul-

tats moins déplorables que ceux qui ont été produits par les croisements avec les races indigènes de la Haute-Marne ; parce que la race comtoise, plus élevée que les animaux de la Haute-Marne, se rapprochait par conséquent davantage de la race suisse. Mais on a, cependant, fini généralement par reconnaître que si, par ce croisement, on avait obtenu des animaux plus élevés que ceux de la race comtoise, c'était aux dépens des qualités précieuses qui distinguent cette dernière race. Et il nous a paru que l'on cherche, aujourd'hui, à encourager les éleveurs à revenir à la race comtoise pure, qu'il a fallu en quelque sorte reconstituer, tant elle avait été dénaturée par le mélange avec les différentes races suisses.

Ce retour est sans doute heureux pour la Franche-Comté, parce qu'il appellera de plus en plus sur les marchés de cette province les acheteurs étrangers et surtout les marchands flamands, qui savent, par expérience, que la race comtoise se prête mieux que la race suisse à l'engraissement et qu'elle donne une viande de bien meilleure qualité. Mais je crois qu'il ne faut pas se contenter d'élever la race comtoise pure et qu'il faut chercher à l'améliorer, en développant les qualités qui la distinguent et en lui donnant celles qui lui manquent. Et, pour obtenir ces résultats, il faut recourir aux moyens qui ont été employés en Angleterre par Bakewell,

Charles Colling et par les éleveurs qui les ont imités.

Ce que je viens de dire ici des essais tentés dans les départements de la Haute-Marne et de la Haute-Saône, on pourrait le dire de tous les départements dans lesquels il a été fait des croisements analogues à ceux dont je viens de parler.

IV

La France n'étant point un pays de grande culture comme l'Angleterre, la propriété y étant très-divisée, on ne peut guère compter, pour améliorer une race, sur les efforts particuliers des éleveurs, parce que le nombre des animaux que chaque cultivateur nourrit est généralement beaucoup trop restreint pour qu'un seul éleveur puisse trouver dans son troupeau les moyens de perfectionner la race qu'il nourrit. Mais, si les essais d'amélioration ne peuvent être faits comme ils l'ont été en Angleterre, l'organisation des comices offre un moyen très-efficace de triompher des obstacles qui résultent du morcellement de la propriété.

C'est aux membres des comices à rechercher quels sont les animaux les plus remarquables de leur circonscription, à primer ces animaux à la condition qu'ils seront accouplés entre eux et que les produits qui en résulteront seront nourris et ne pourront être vendus pour la boucherie qu'autant que le comice ne déclarera pas qu'ils doivent être conservés pour la reproduction.

Mais, pour distribuer des primes, il ne faut pas

que les comices se contentent, comme ils le font ordinairement, d'examiner les animaux dont les formes sont plus ou moins belles, la taille plus ou moins élevée; il faut qu'ils s'informent aussi des qualités qui les distinguent, qu'ils sachent si ces animaux ne doivent leur développement qu'à une nourriture extrêmement abondante, ou si, au contraire, ils ont acquis une taille élevée, un embonpoint remarquable avec une nourriture ordinaire ou même inférieure en quantité à la nourriture ordinaire. Il est aussi extrêmement nécessaire qu'ils reconnaissent et distinguent les animaux qui paraissent avoir une grande précocité pour l'engraissement.

Il ne suffit pas de parvenir à élever des animaux remarquables, il faut encore qu'il y ait profit à le faire : car ce n'est pas par agrément ou par amour-propre que l'on nourrit des animaux de l'espèce bovine, mais c'est dans un but de spéculation, et l'on doit renoncer à nourrir tout animal qui coûterait à l'éleveur un prix supérieur à celui auquel il pourrait être vendu. Quelques riches propriétaires, en donnant à des animaux importés de la Suisse une nourriture d'une abondance extrême, sont quelquefois parvenus à les maintenir en assez bon état et ont obtenu pour ces animaux des primes dans les comices ; mais ces succès, qui sont bien chèrement payés par ceux qui les obtiennent, doivent être présentés aux éleveurs, non comme un exemple à suivre, mais comme une expérience à éviter.

Les personnes qui s'occupent de l'amélioration des animaux domestiques, souvent, ne sont pas assez pénétrées de cette pensée et entraînent les éleveurs dans des essais ruineux qui les dégoûtent ensuite de tenter de nouveaux perfectionnements.

Je me trouvais, il y a peu de temps, dans le département de la Côte-d'Or, avec un membre des commissions d'agriculture de ce département, grand partisan de l'introduction des animaux de race suisse dans la Bourgogne. Comme je lui demandais si ces animaux ne dégénéraient pas dans la Côte-d'Or, il me répondit que la plupart avaient d'abord un peu maigri, mais que depuis qu'on avait reconnu qu'il fallait leur donner une nourriture à peu près double de celle qu'on leur avait d'abord donnée, ils se maintenaient en assez bon état. Je demandai alors si l'on avait calculé l'avantage qu'il y avait à nourrir, dans la Côte-d'Or, des animaux qui exigent une nourriture aussi dispendieuse, et s'ils ne seraient pas, dans ce département, des animaux de luxe, dont un propriétaire pourrait se passer la fantaisie, mais dont l'introduction dans les écuries des cultivateurs serait une ruine pour ceux-ci. Il me fut répondu qu'on ne croyait pas que le calcul dont je parlais eût été fait, et que le prix auquel les animaux de la race suisse pourraient être vendus serait, en effet, peut-être inférieur au prix qu'ils auraient coûté à élever dans la Côte-d'Or.

On voit où peuvent conduire des expériences du genre de celles dont je viens de parler.

En France, dans les tentatives qui ont été faites pour améliorer l'espèce bovine, je crois qu'on s'est généralement beaucoup plus occupé de la beauté des animaux avec lesquels on voulait améliorer les races que de leurs qualités, tandis qu'en Angleterre c'est le contraire qui a eu lieu. M. le comte de Gourcy, parlant de lord Spencer, l'un des éleveurs les plus distingués d'Angleterre, dit : « Il regarde « comme le premier mérite, dans un animal, ce « qui constitue la bonne santé et la force ; après « cela, il s'occupe des formes, de manière à avoir « le plus de viande où elle est préférable ; enfin « vient la faciliter d'engraisser, et cela à un âge peu « avancé ; il finit par s'occuper de la beauté après « tout le reste... Il estime avant tout la pureté du « sang..., tient avec le plus grand soin la généalogie « de toutes les bêtes qu'il a élevées... Il m'a assuré « qu'il connaissait non-seulement toutes les bêtes « qu'il a élevées, mais qu'il savait par cœur quels « étaient leurs ascendants ; que, sans cette con- « naissance, un éleveur ne pourrait faire de bons « élèves améliorés ; qu'il connaissait un monsieur « qui avait eu les meilleures bêtes possibles, ras- « semblées à des prix très-considérables ; mais,

« comme il n'avait pas de mémoire, qu'il n'avait
« pas pu, à cause de cela, faire de bons accouple-
« ments, il en était résulté que, lors de la vente
« qu'il en fit il y a quelques années, elles furent
« trouvées très-médiocres par les éleveurs et fort
« mal vendues (1). »

Combien nous sommes loin, en France, d'apporter, dans les essais d'amélioration que nous faisons,
le même soin, la même intelligence que les Anglais,
et aussi combien les résultats que nous avons obtenus sont différents de ceux qu'ils ont eus et qu'ils
ont encore chaque jour !

Les comices, les éleveurs achètent un taureau,
une vache, sans s'informer, ordinairement, des
qualités qui leur sont propres, surtout de celles de
leurs parents, de leur souche, sans savoir si la vache,
si le taureau sont de race laitière, s'ils sont d'une
race qui s'engraisse facilement et qui est précoce,
s'ils ne consomment qu'une nourriture ordinaire ou
même d'une quantité inférieure à la nourriture ordinaire.

Toutes ces informations ont, cependant, une
très-grande importance. Si l'animal que l'on achète
appartient à une souche qui, comme celle de Dur-

---

(1) Relation d'une excursion agronomique en Angleterre et en
Écosse, par le comte Conrad de Gourcy.

ham, donne des animaux que l'on peut engraisser à deux ans, et qui atteignent quelquefois, à cet âge, un poids de 1,000 kilogrammes, il est évident que le bénéfice que l'on obtiendra sera plus du double de celui que l'on aurait en élevant des animaux qui ne peuvent être engraissés qu'à quatre ou cinq ans. Si un animal appartient à une souche qui a de petits os et beaucoup de viande là où elle est la meilleure, il est certain qu'à grosseur égale, cet animal sera acheté pour la boucherie à un prix plus élevé que celui qui a de gros os et une viande moins fine. Cependant la nourriture aura été aussi dispendieuse dans les deux hypothèses, car il en coûte autant pour former des os que pour former de la viande.

Si l'on ne s'informe point des qualités laitières de la souche à laquelle appartient le taureau que l'on achète, on ne pourra avoir des vaches laitières, ou on n'en obtiendra qu'exceptionnellement : car il est un fait bien reconnu, c'est que, généralement, les produits femelles tiennent leurs qualités du père et que les produits mâles ont les qualités de leur mère. Si l'on a une vache bonne laitière et qu'on ne l'accouple pas avec un taureau de race laitière, il est presque certain que les vaches que l'on obtiendra n'auront point les qualités de leur mère. L'expérience m'a prouvé la vérité de cette assertion, et la plupart des cultivateurs pourront aussi la confirmer.

De cette négligence vient l'incertitude que l'on

remarque dans les produits. Les vaches bonnes laitières, si rares dans nos pays, paraissent être et sont, en effet, le produit du hasard ; tandis que, en Angleterre, les races que l'on élève pour la laiterie fournissent à peu près constamment des vaches bonnes laitières, et il est certaines races dont les vaches donnent jusqu'à 30 et 40 litres de lait par jour et pendant six mois.

On sait qu'il y a des races qui demandent une nourriture très-abondante et très-substantielle, et d'autres qui prospèrent avec une nourriture bien moins considérable et de qualité ordinaire. On comprend l'avantage qu'il y a à avoir une race facile à nourrir : car si la nourriture qui est nécessaire pour deux animaux peut servir à en nourrir trois d'une autre race, il est évident que le profit pour l'éleveur sera de moitié en sus.

Ordinairement, on ne s'informe point non plus de la nature du sol sur lequel ont été élevés les animaux que l'on achète, s'il est siliceux, calcaire ou argileux. Souvent aussi on ignore si les animaux ont été nourris dans de fraîches et fertiles vallées ou dans de maigres pâturages. Ces renseignements sont cependant extrêmement nécessaires : car, de même que les plantes qui ont germé dans un sol fertile végètent mal quand on les transplante dans un terrain aride, de même les animaux qui ont été nourris dans des vallées où les pâturages sont gras et abondants, ne peuvent non-seulement se développer, mais se maintenir en bon état s'ils sont amenés dans des contrées où la végétation est moins riche et où l'on ne trouve que de maigres pâturages. Les éleveurs de chevaux, en Normandie, savent si bien apprécier la différence qui existe dans les pâturages qu'ils les classent en pâturages qui font du gros et en pâturages qui font du fin, et qu'ils envoient leurs chevaux dans l'un ou l'autre de ces pâturages, suivant qu'ils veulent donner du corps à leurs chevaux ou leur donner de la finesse et de la légèreté. Puisque les pâturages de nature diverse peuvent produire des résultats si différents, comment s'occupe-t-on généralement si peu de leur influence sur des animaux de l'espèce bovine ?

Les Anglais tiennent grand compte de la constitution géologique du sol, et ils ont des races appropriées aux différentes natures de terrain. Ils savent que telle race, nourrie dans un pays de riches pâturages, ne peut être élevée avec avantage au delà de telle limite dans les pays de montagnes, et que telle autre race, établie sur un sol siliceux, argileux ou d'alluvion, dégénère lorsqu'elle est importée dans des contrées où le sol est calcaire.

La race courtes cornes de Durham, qui a été formée dans un pays de bons pâturages, ne peut être introduite dans des contrées moins fertiles sans y dégénérer. « Partout, dit M. le comte de Gourcy, où j'ai trouvé la race des courtes cornes, en Ecosse, elle m'a paru dégénérée ou être infiniment moins belle qu'en Angleterre. Les pâturages du nord ne sont pas assez gras pour elle. Je suis persuadé, d'après ce que j'ai vu de plusieurs essais qui ont été faits en France, qu'il n'y a guère que les meilleurs herbages de la Normandie où cette espèce pourrait être élevée avec succès, encore suis-je persuadé qu'elle devrait être mise entre les mains d'un bon éleveur courtes cornes *anglais* pour ne pas dégénérer. »

Généralement, on ne s'occupe guère en France de ces considérations, et cependant il est évident que, même dans une étendue de pays très-restreinte et renfermée dans les limites d'un département, il est nécessaire d'avoir deux ou trois races d'animaux. Si l'on prend pour exemple le département de la Haute-Marne, il est certain que les animaux nourris dans les vallées de l'Amance et de la Marne, dépériront s'ils sont transportés dans le pays de montagnes qui forme l'ouest de l'arrondissement de Langres et une partie de l'arrondissement de Chaumont. De même, dans la Haute-Saône, les animaux élevés dans les riches pâturages des vallées du Drujon et de la Saône, ne pourront être nourris avec succès dans le pays de montagnes situé entre ces vallées et celle de l'Oignon, et il est nécessaire d'avoir des races distinctes pour ces diverses contrées, ou au moins des divisions de la même race.

Comme ces divisions n'ont point encore été établies, le commerce a cherché à suppléer, autant que possible, à ce qui n'a pas été fait à cet égard par les éleveurs, et, depuis quelques années, les marchands des environs de Vesoul viennent acheter, dans le pays de montagnes qui est situé à l'ouest de Langres, des vaches qu'ils vendent dans l'arrondissement de Vesoul. J'ai rencontré, en 1853, sur la route de Langres à Vesoul, un troupeau de ces vaches, qu'on conduisait à une foire de Port-sur-Saône. Il me parut d'abord extraordinaire que l'on importât dans la Haute-Saône, qui possède des races d'animaux bien supérieures à celles de la Haute-Marne, des vaches appartenant à la race la plus petite de ce dernier département, et je fis part de mon étonnement au marchand qui conduisait ce troupeau. Il m'expliqua la cause de son commerce, et je compris que les vaches élevées au milieu des bois, dans la partie la plus montagneuse et la plus sèche de l'arrondissement de Langres, où souvent elles n'ont d'autre nourriture que les feuilles des bois ou l'herbe qui croît dans les taillis, devaient prospérer dans le pays situé entre les vallées du Drujon et de l'Oignon, où le sol est moins boisé et moins couvert de rochers que dans les montagnes situées à l'ouest de Langres.

Ces petites vaches, qui sont ordinairement assez bonnes laitières, recevant une meilleure nourriture dans le pays où elles sont importées, donnent un lait assez abondant, eu égard à leur taille. J'ai appris aussi que ces vaches n'étaient pas seulement achetées par le pays situé au sud de Vesoul, mais qu'elles étaient aussi fort recherchées par les petits cultivateurs de la vallée de la Saône, d'abord parce que leur prix est peu élevé, et ensuite parce que, lorsqu'on les nourrit dans de gras pâturages, elles donnent beaucoup de lait, ne demandent que peu de nourriture, acquièrent bientôt un volume plus considérable et se maintiennent toujours en bon état.

L'importation dont je viens de parler ne pourra que nuire à la race comtoise en introduisant parmi elle des animaux qui lui sont bien inférieurs ; mais, comme cette importation est la conséquence nécessaire de l'absence d'une race particulière au pays de montagnes de lá Haute-Saône, on ne pourra la combattre qu'en choisissant parmi les animaux de race comtoise ceux qui paraissent le mieux acclimatés dans cette contrée montagneuse et sèche, pour en former une souche particulière (1).

---

(1) Pour encourager la formation d'une race propre à un pays de montagnes, il est nécessaire d'établir des primes particulières

Ce que je viens de dire ici pour quelques-uns des départements dé l'Est peut s'appliquer aux départements des autres parties de la France. Il n'y a évidemment que les noms de localité à changer pour que les observations que j'ai faites reçoivent leur application dans les départements du Centre, du Nord et de l'Ouest, comme dans ceux de l'Est.

---

pour cette race ; car les vaches nourries dans les pâturages secs de plateaux élevés ne peuvent concourir avec succès avec des animaux nourris dans les gras pâturages des vallées. En ne faisant point de distinction d'origine, comme cela a généralement lieu, il en résulte qu'on encourage seulement les éleveurs des contrées de bons pâturages, et que les éleveurs des pays de montagnes, pour lesquels cependant le succès est plus difficile, ne reçoivent jamais d'encouragements.

V

Je pense que ces différentes observations suffiront pour faire comprendre que les meilleurs moyens de perfectionner les races bovines de notre pays sont ceux qui ont été employés en Angleterre. On ne peut, comme je l'ai déjà dit, attendre des éleveurs seuls la mise en pratique des règles que j'ai indiquées; mais les comices agricoles peuvent seconder puissamment les éleveurs par leurs conseils, par la distribution de primes, par l'établissement de registres où l'on inscrira la généalogie des animaux choisis pour améliorer les races, et où l'on conservera soigneusement l'indication des qualités qui les distinguent (1).

---

(1) Depuis que j'ai publié ces observations, le congrès agricole de la Haute-Saône, dans sa session de 1856, a décidé qu'il faudrait établir dans le département de la Haute Saône un *stud boock* sur lequel on inscrirait tous les animaux de la race femeline pure, pour qu'ils soient employés à l'amélioration de cette race bovine. Ce congrès a aussi décidé qu'il était nécessaire de primer des taureaux étalons comme on prime des chevaux étalons. Ces décisions, qui sont parfaitement conformes à ce qui se pratique en Angleterre, produiront assurément de bons résultats, et il serait à désirer que d'autres départements entrassent aussi dans la voie d'amélioration que l'on va suivre dans la Haute-Saône.

Comme, en Angleterre, chaque race a ordinairement une destination particulière, que l'une est élevée pour la laiterie, une autre pour la boucherie et une autre pour le travail, j'ai quelquefois entendu dire qu'on ne pouvait espérer obtenir des animaux propres à la fois à la laiterie, au travail et à la boucherie. Cette observation n'est point entièrement fondée.

Si, en Angleterre, chaque race a sa destination, c'est parce que, la propriété n'étant point divisée, mais le sol étant entre les mains d'un petit nombre de grands propriétaires, on n'a point senti la nécessité de demander à une même race différentes qualités ; mais, dans chaque ferme, on a élevé la race dont on pouvait placer les produits de la manière la plus avantageuse. Ainsi, dans le voisinage des grandes villes, on a nourri des vaches laitières ; ailleurs, on a élevé des races pour la boucherie, et, dans d'autres contrées où l'on avait plus besoin d'animaux pour la culture, on a formé des animaux de trait.

Mais ce n'est point parce qu'on regardait comme impossible d'avoir une race à la fois laitière et apte à l'engraissement. Ainsi, les races de Glamorgan, de Schetland et d'autres encore, réunissent ces deux qualités, et la race de Durham, qui, avant les perfectionnements qui lui ont été apportés par Charles Colling, était bonne laitière, est restée, sous ce rapport, peu inférieure à ce qu'elle était, quoique Charles Colling ait entièrement négligé de perfectionner les qualités laitières de cette race et ne se soit occupé que d'augmenter son aptitude à l'engraissement.

M. Royer, inspecteur général d'agriculture, dit, en parlant de cette dernière race : « Nous avons la conviction que la souche durham, la plus perfectionnée, peut être aussi excellente laitière qu'aucune autre au monde, lorsque les producteurs, s'aidant des signes extérieurs fournis par Guenon, s'attacheront à développer ces signes avec le soin qu'a mis Colling à développer ceux de l'engraissement. (1) »

Les qualités laitières peuvent parfaitement exister avec l'aptitude à l'engraissement : car la sécrétion très-abondante du lait, comme la tendance à produire la graisse, se rencontrent chez les animaux où le système lymphatique prédomine ; seulement, quand on voudra développer l'une de ces facultés, ce sera nécessairement aux dépens de l'autre, c'est-

---

(1) Les signes indiqués par Guenon pour reconnaître les vaches laitières, quoique n'étant pas toujours d'une certitude complète, donnent cependant généralement des indications fort exactes ; mais le système Guenon est encore inconnu des éleveurs dans la plus grande partie de la France ; il est bien difficile de le comprendre et de le mettre en pratique par la seule lecture des ouvrages dans lesquels il a été expliqué, et il serait à désirer que des hommes habitués à le mettre en pratique fussent envoyés dans chaque canton pour l'expliquer aux éleveurs.

à-dire qu'on ne pourra pas obtenir qu'une vache engraisse complétement pendant qu'elle sécrétera du lait en abondance, et qu'il faudra attendre que la sécrétion du lait ait cessé pour développer l'aptitude à l'engraissement. Il est d'ailleurs un fait bien constaté, c'est que les vaches bonnes laitières et *qui ont un lait gras* produisent ordinairement des animaux qui engraissent facilement.

Mais, si l'on peut former une race à la fois bonne laitière et propre à l'engraissement, il n'est pas probable que l'on puisse généralement ajouter à ces qualités une grande aptitude pour le travail : car la force nécessaire pour le travail ne se rencontre que chez les animaux dont le système musculaire est très-développé, et l'on sait que le système musculaire est ordinairement affaibli chez les animaux d'une constitution lymphatique, c'est ce qui a lieu pour la race de Durham.

On ne peut donc espérer avoir une race bovine qui réunisse à un haut degré toutes les qualités désirables ; mais nous croyons que, s'il faut faire un choix, l'aptitude à la laiterie et à l'engraissement précoce doit être préférée au développement de la force musculaire. D'ailleurs, si les animaux qui réunissent les qualités laitières et d'engraissement sont moins bons pour le travail que ceux chez lesquels on a cherché à fortifier le système musculaire, cependant ils ne sont pas impropres au travail de culture, mais on ne doit pas exiger d'eux une force aussi grande que des animaux spécialement élevés pour le travail. Je pense que les services qu'ils peuvent rendre pour la culture seront généralement suffisants chez tous les cultivateurs qui ont un bon système de culture, c'est-à-dire qui ont toujours une partie de leurs terres en prairies artificielles et élèvent par conséquent un troupeau considérable, eu égard à l'étendue des terres qu'ils cultivent. Ils pourront donc ne pas demander à leurs animaux un travail au-dessus de leurs forces, et ils auront l'avantage d'avoir d'abondants produits de laiterie et des animaux qu'ils pourront vendre de bonne heure à des prix élevés.

Aux considérations qui précèdent, nous ajouterons encore quelques observations. Les éleveurs reconnaissent, généralement, que l'avenir d'un animal de l'espèce bovine dépend ordinairement des six premiers mois de son existence. Quand un veau a été convenablement traité, sous tous les rapports, pendant cette période, il est à peu près certain que, à moins d'accidents, il donnera plus tard tout ce qu'on peut attendre de la souche à laquelle il appartient.

Les éleveurs anglais, bien pénétrés de cette opinion, continuent l'allaitement des veaux ordinairement jusqu'à quatre mois et même souvent jusqu'à six, et suppléent à l'insuffisance de lait par des boissons d'eau de graine de lin, d'eau de son, etc. Dans notre pays, où l'on n'a pas seulement pour objet de former des animaux pour la boucherie comme dans les grandes fermes d'Angleterre, mais où le lait est indispensable à la nourriture des habitants de la campagne, on ne peut continuer l'allaitement des veaux pendant un temps aussi long ; mais il est toutefois nécessaire de le prolonger davantage qu'on ne le fait généralement, et on ne doit jamais sevrer un veau avant deux mois et demi ou trois mois, c'est-à-dire avant l'époque où il s'est habitué à manger ; car, lorsque le sevrage a lieu six semaines après la naissance, et quelquefois plus tôt, comme on le fait trop souvent, le veau souffre beaucoup du sevrage et tombe ordinairement dans un état de maigreur qui lui est très-funeste.

Il est un fait aussi qui est très-contraire à l'amélioration des animaux : c'est la vente des plus beaux veaux pour la boucherie, vente qui a souvent lieu dans les campagnes. Lorsqu'un boucher vient dans une écurie et qu'il y trouve plusieurs veaux dont les uns sont gras et les autres maigres, il donne un prix élevé des veaux gras et n'offre qu'un faible prix des veaux maigres, ou même refuse de les acheter. Dans cette circonstance, le cultivateur se décide, le plus souvent, à vendre les veaux gras et conserve pour les élever les veaux maigres, c'est-à-dire ceux qui donneront bien probablement des animaux bien inférieurs à ceux qui eussent été produits par les veaux les plus beaux.

Les comices seuls peuvent remédier à ce mal : d'abord, en exigeant toujours que les veaux des vaches primées soient conservés, et, ensuite, en primant les plus beaux veaux provenant des vaches non primées, afin de les faire conserver. Souvent, ce n'est qu'afin d'avoir quelques francs de plus que les cultivateurs vendent leurs plus beaux veaux et sacrifient ainsi, à un faible gain immédiat, un bénéfice beaucoup plus considérable dans l'avenir. Le dernier moyen que je viens d'indiquer serait, sans doute, assez difficile à mettre à exécution, parce qu'il obligerait les membres des comices à aller visiter les écuries des cultivateurs ; mais, comme les primes à distribuer dans cette circonstance seraient peu importantes, les principaux membres de chaque comice pourraient être autorisés à donner ces primes dans les communes qu'ils habitent et dans les communes environnantes, et alors l'exécution de cette mesure serait moins difficile.

On comprend que c'est inutilement que l'on s'efforcerait d'encourager l'amélioration des races bovines, si la plupart des veaux les plus beaux, c'est-à-dire ceux qui auraient donné les animaux les plus naturellement gras, les plus précoces, sont vendus pour la boucherie. Ce que je viens de dire des veaux doit s'appliquer aussi aux vaches. Lorsqu'une vache est naturellement grasse, elle est ordinairement bientôt vendue au boucher par le cultivateur auquel elle appartient, et qui conserve ses vaches maigres, dont les produits hériteront des défauts de leur mère. Les comices doivent donc primer les vaches qui sont disposées à un engraissement précoce et engager les éleveurs à les conserver pour la production.

On a remarqué que les jeunes taureaux donnent des produits aussi grands que ceux provenant de taureaux plus âgés, mais que les premiers sont meilleurs pour la laiterie et pour la boucherie que pour le trait, parce que chez eux le système lymphatique prédomine et que l'abondance du lait et l'aptitude à l'engraissement sont des conséquence d'un tempérament lymphatique. Mais, lorsqu'on veut avoir des animaux pour le travail, il faut choisir des taureaux plus âgés, chez lesquels le système musculaire est développé.

Les jeunes vaches donnent aussi des animaux bons pour la laiterie et l'engraissement ; mais, en général, ils sont plus petits que ceux provenant des vaches plus âgées.

En France, on cherche généralement à augmenter la taille des animaux par le croisement avec des taureaux de haute taille, et j'ai déjà dit quels inconvénients peut avoir l'accouplement d'une petite vache avec un grand taureau. En Angleterre, on pense que, lors même que le taureau n'est pas de grande taille, s'il est parfaitement constitué, plein de vigueur, et si la vache est bien corsée, on obtient de beaux produits. On voit que le cheval arabe, qui est de petite taille, mais rempli d'énergie, produit, par le croisement avec les juments normandes, qui sont grandes et bien constituées, des chevaux qui ont une taille élevée. L'âne, croisé avec une jument, donne le mulet, qui est beaucoup plus grand que l'âne, tandis que le cheval, accouplé avec une ânesse, produit le bardeau, qui est de petite taille.

C'est donc par un bon choix des animaux reproducteurs, par la *sélection*, comme disent les Anglais, que l'on parvient à améliorer, à grandir les races, plutôt que par l'emploi de taureaux de haute taille (1). Mais on ne saurait apporter trop de soins dans le choix des animaux reproducteurs. Les éleveurs anglais ont ordinairement un nombre de taureaux double de celui qui serait strictement nécessaire, et cela afin de pouvoir choisir le mâle qui convient le mieux à la femelle, pour remédier aux défauts que pourraient avoir leurs produits.

---

(1) On doit cependant constater que la race de Durham paraît faire exception à cette règle, et que de grands taureaux de cette race, croisés avec des vaches plus petites, ont donné des produits assez grands et ayant acquis les qualités de la race de Durham. On peut penser que ce résultat est dû à ce que cette race ayant de petits os, les animaux qui en proviennent ne sont point gênés pendant la gestation.

VI

On a vu, d'après ce que j'ai dit, que les principaux éleveurs d'Angleterre, ceux qui ont apporté de
si grands perfectionnements aux races de ce pays,
évitaient, avec le plus grand soin, les croisements
avec des races étrangères et accouplaient entre eux
les animaux de la même race et même de la même
famille. Ce n'est pas cependant qu'en Angleterre on
ne fasse aussi, fort souvent, des croisements entre
les bonnes races ; mais, alors, ce n'est plus pour
perpétuer ces races, mais afin d'obtenir des produits
pour la boucherie.

M. le comte de Gourcy, parlant d'un éleveur dis-
tingué d'Angleterre, dit : « Il approuve beaucoup le
croisement des bonnes races, mais seulement pour
en vendre le produit au boucher, sans jamais en
élever, aussi bien les mâles que les femelles. » Le
même auteur ajoute : « Il faut que je dise que ce
qu'on regarde, en Angleterre et en Ecosse, comme
un croisement convenable et profitable, s'arrête à
la première génération ; ainsi, tous les produits
mâles et femelles provenant d'un croisement entre
deux différentes races sont engraissés et tués sans

avoir servi à la reproduction. Je cite ceci comme étant adopté, à très-peu d'exceptions près, par tous les agriculteurs de ces pays. »

On a en effet remarqué que le premier croisement d'animaux de bonnes races donnait très-souvent des animaux fort remarquables, mais que, si si l'on voulait élever les produits de ces animaux, on n'obtenait bientôt que des animaux dégénérés et n'ayant plus, d'ailleurs, des qualités constantes, comme dans les races pures. Les animaux de la race de Durham sont surtout fort recherchés pour le croisement avec des races étrangères, parce qu'on trouve qu'ils communiquent facilement leurs qualités aux autres races et que les métis de premier sang sont généralement bons. Ces résultats sont dus à la grande perfection de cette souche. David Low, le célèbre professeur d'agriculture d'Edimbourg, dit, en parlant de la race bovine des Highlands de l'Ouest : « On a plusieurs fois essayé de croiser « cette race avec celle des pays de plaine, notam- « ment avec celle du comté d'Ayr, et même avec « la race courtes cornes (la race de Durham). Au « premier croisement, on a souvent obtenu de « beaux animaux, dont quelques-uns ont figuré « dans les exhibitions publiques ; mais l'améliora- « tion est à son terme dès ce premier croisement, « et *les générations ultérieures sont inférieures à* « *l'une et à l'autre de ces deux races croisées.* »

Les faits constatés par David Low, pour la race bovine, sont en parfait accord avec les résultats obtenus par le croisement des races chevalines. M. de Saint-Ange, dans son cours d'hippologie, et les principaux hippiatres, disent que, lorsqu'on croise un cheval arabe avec une jument appartenant à une autre race, on obtient ordinairement un bon produit, mais que, si le cheval provenant de ce croisement est employé comme étalon, il donne généralement de mauvais résultats, et que l'expérience a prouvé que ce n'est qu'après que le sang a été inoculé, depuis un assez grand nombre de générations, dans un cheval, que ce cheval peut être employé avec avantage comme étalon.

M. Moll, professeur d'agriculture au Conservatoire des arts et métiers, dit, dans la *Maison rustique du XIX*e *siècle :* « Une longue expérience a « appris aux éleveurs de moutons fins, en Allema- « gne, que des métis, même de huitième généra- « tion, multipliés entre eux, ne donnaient cepen- « dant, la plupart, que des produits médiocres et « dont plusieurs se rapprochaient de leurs ascen- « dants maternels. Dans les croisements avec des « bêtes de race commune, on a pu remarquer éga- « lement chez les métis cette absence de la faculté « de transmission à leurs descendants. »

Les hippologistes les plus distingués, se fondant sur tous ces faits, disent que, plus une race est an-

cienne, plus elle est apte à communiquer ses qualités, et que c'est par ce motif que les étalons de race
arabe appartenant à une souche très-ancienne donnent des produits remarquables dans un premier
croisement, mais que, par la même cause, les animaux provenant de ce croisement, formant une souche nouvelle, ne donnent que des produits souvent
inférieurs aux animaux de chacune des races dont
ils sont sortis.

Pourquoi est-il nécessaire qu'un sang soit depuis
longtemps inoculé dans une race pour qu'il puisse
communiquer ses qualités? C'est ce qu'on ne peut
expliquer, comme tant d'autres faits reconnus, dé-
montrés par l'expérience, dont la physiologie ne
peut dévoiler les causes et qui sont encore un mys-
tère pour la science.

Mais il est nécessaire de bien constater ces faits:
car c'est parce qu'ils ont été trop peu connus jusqu'alors en France que les essais qui ont été faits
pour améliorer nos races d'animaux ont eu si peu
de succès, et que les croisements faits entre nos races bovines et d'autres races indigènes ou étrangères très-variées, ont donné des animaux dont les
produits ont été généralement si déplorables. L'an-
cienneté des races, si essentielle pour une bonne
reproduction, a été détruite, le désordre a été apporté dans toutes les races, et, par suite de ce dé-

sordre, nos meilleures races indigènes ont souvent produit des animaux très-défectueux.

Il est évident que tous ces inconvénients n'existent pas si, au lieu d'avoir recours aux croisements pour améliorer une race, on tire l'amélioration de la race elle-même. Dans toutes les races, même dans les plus mauvaises, on reconnaît des différences entre les animaux qui en font partie. Il n'est pas de troupeau de vaches dans lequel on ne remarque une vache meilleure laitière que les autres, ou qui soit toujours en bon état quand d'autres vaches, nourries dans les mêmes conditions, restent maigres. En choisissant ces animaux pour améliorer la race, on n'est point exposé à tous les inconvénients qui résultent du mélange des races, du désordre apporté par un sang nouveau, de l'introduction d'animaux habitués à des pâturages différents de ceux dans lesquels on les amène, de l'incertitude dans laquelle on est sur les qualités d'animaux étrangers et qu'on ne connaît point.

La couleur des animaux n'influe en rien sur leurs qualités, mais elle sert à distinguer les races, et, en cela, elle est fort utile. Lorsqu'une race est bien définie, elle a une couleur bien distincte, et, lorsque cette couleur est mélangée avec une autre qui n'appartient point à la race, c'est une preuve évidente de croisement. En conservant avec soin la couleur d'une race, on se donne donc un moyen facile de distinguer les animaux de race pure des animaux croisés. Aussi, lorsqu'on veut améliorer une race ou former deux divisions dans une même race, est-il fort essentiel de choisir, pour chaque souche, une couleur distincte.

La comparaison que je viens de faire des moyens employés, dans l'est de la France et en Angleterre, pour améliorer les races bovines, et le rapprochement que j'ai présenté des résultats obtenus dans ces deux pays, sont, je pense, assez concluants pour qu'il soit inutile d'y ajouter de nouvelles réflexions.

Il est évident qu'en France nous n'avons point, jusqu'alors, suivi la bonne voie, et que l'administration et les éleveurs ont fait de grandes dépenses à peu près en pure perte; puisque, après avoir essayé d'améliorer les races indigènes par des croisements avec des races étrangères, on cherche aujourd'hui à reconstituer les races pures, malheureusement très-détériorées par les mélanges avec d'autres races.

Nous sommes comme le voyageur qui, après avoir longtemps marché sans avoir pu trouver le chemin qui devait le conduire au but où il désirait arriver, est revenu à son point de départ et recueille les indications d'après lesquelles il doit se guider pour reprendre sa route.

Si la lecture des observations qui précèdent peut déterminer quelques-unes des personnes qui s'occupent de l'amélioration des animaux domestiques à

entrer dans la voie que les éleveurs anglais ont suivie
avec tant de succès, je me féliciterai d'avoir rap-
pelé les procédés auxquels l'Angleterre a dû les
magnifiques animaux qui font notre admiration et
qui ont tant contribué à la prospérité de son agriculture.

FIN.

LIBRAIRIE CENTRALE D'AGRICULTURE

ET DE

JARDINAGE.

Auguste GOIN, éditeur, quai des Augustins, 44, Paris.

CATALOGUE.

31 Mai 1857.

DIVISION DU CATALOGUE.

NOTA. — Par suite de la nouvelle loi sur les imprimés, en vigueur depuis le 1er août 1856, les ouvrages composant le présent Catalogue peuvent être expédiés *franc de port* par la poste et sans augmentation des prix marqués. Pour jouir de cet avantage, il suffit de joindre à la demande un bon de poste ou des cachets d'affranchissement pour la valeur des ouvrages demandés. — Lorsque les ouvrages seront pris au bureau, il sera fait une remise de 10 pour 100. — Les commandes de 20 à 30 fr. seront expédiées *franc de port* jusqu'au bureau et station des Chemins de fer, des Messageries générales et impériales les plus rapprochés de la résidence des demandeurs. — En outre de l'envoi *franc de port*, les commandes de 31 à 50 fr. jouiront de la remise de 5 pour 100, et il sera fait une remise de 10 pour 100 sur celles de 51 à 100 fr. — Je me charge aussi de fournir aux mêmes conditions tous les ouvrages qui me seront demandés, ainsi que les ouvrages neufs ou d'occasion d'Agriculture et de Jardinage qui ne sont pas portés sur le présent Catalogue.

Bibliothèque de l'Agriculteur praticien.

Abeilles *(De l'éducation des)*, ou *Apiculture*, par P. JOIGNEAUX.
1 vol. in-18.   1 25
    Abeilles. Leur éducation, par A. ESPANET. In-18.   40 c.
    Abeilles *(Guide de l'éleveur d')*, par DE FRARIÈRE. In-18 fig. 75 c.
    Agriculteur praticien *(L')*, *Revue de l'agriculture française et
étrangère)*, 4e année. Prix de l'abonnement.   6 fr.
    La 1re, la 2e et la 3e année, ensemble.   15 fr.
    Chaque année séparément.   6 fr.
    Agriculture. Quelques observations pratiques, par BODIN. In-18. 15 c.
    Alcoolisation générale *(Traité complet d')*. Guide du fabricant
d'alcools, renfermant la marche à suivre pour obtenir l'alcool de toutes
les substances alcooliques ; les moyens de débarrasser l'alcool des odeurs
propres et de celles d'empyreume, ainsi que l'indication des rendements
au point de vue de la fabrication par les méthodes les plus économiques ;
toutes les règles, formules et tables de réduction qui peuvent être utiles
au distillateur, etc., etc., par N. BASSET. 1 vol. in-18, 2e édition, avec
dessins dans le texte, accompagné de 4 gravures sur cuivre représentant
des appareils nouveaux de distillation.   6 »
    Almanach de l'Agriculteur praticien pour 1857. 1 vol. in-18 avec
de nombreuses fig.   50 c.
    Amendements et Engrais *(Petit traité des)*, par P. A. DE THIER.
1 vol. in-18, complété avec des notes extraites de l'*Agriculteur praticien*. *(Sous presse.)*
    Amendements et Prairies. Extrait des œuvres de J. BUJAULT. In-18. 60 c.
    Bétail en ferme *(Du)*, extrait des œuvres de J. BUJAULT. In-18. 60 c.
    Betterave *(Traité pratique de la culture et de l'alcoolisation de
la)*, résumé complet des meilleurs travaux faits jusqu'à ce jour sur la
betterave et son alcoolisation, par N. BASSET. 1 vol. in-18, 2e éd.   2 fr.
    Cailles d'Europe *(Guide pratique pour élever les)* d'Amérique
(ou colins), les **Perdrix grises et rouges**, par l'abbé ALLARY. 1 vol.
in-18 avec figures dans le texte.   1 25
    Culture *(De la petite)*, en faveur des petits propriétaires, ou moyens
faciles d'augmenter le rendement des terres de labour et de jardin, par
A. ESPANET. 1 vol. in-18.   1 fr.
    Dindons et Pintades *(Guide de l'éleveur de)*, par MARIOT-DIDIEUX.
1 vol. in-18.   75 c.
    Drainage. L'art de tracer et d'établir les drains, par GRANDVOINNET.
1 vol. in-18 avec 160 figures.   3 fr.
    Fumier de ferme *(Le)* élevé à sa plus haute puissance de fertilisa-
tion et n'étant plus insalubre, par QUENARD. In-18, 2e édit.   1 25
    Irrigation *(Manuel d')*, par DEBY. In-18 avec 100 fig.   1 50
    Irrigations *(Petit traité des)*, par James DONALD, traduit par A. DE
FRARIÈRE. In-18 avec fig.   50 c.
    Laiterie *(La)*, suivie de la fabrication des fromages, par A. DE THIER.
1 vol. in-18 avec figures.   75 c.
    Lapin domestique *(Traité pratique de l'éducation du)*, par le
F. Alexis ESPANET, 2e édit. 1 vol. in-18.   1 fr.
    Maïs *(Du)*, de sa culture et des divers emplois dont il est susceptible,
par KEENE et A. DE THIER. In-18.   30 c.
    Maïs *(Alcoolisation des tiges du)* et du *Sorgho sucré*. ALCOOL. —
CIDRE. — BIÈRE. — VINS ARTIFICIELS, par DURET, chimiste. In-18. 75 c.
    Moutons *(Guide de l'éleveur et de l'engraisseur de)*, par J.-J. LE-
GENDRE, propriétaire-cultivateur. 1 vol. in-18.   1 fr.

Pigeons de colombier et de volière (*Guide de l'éleveur de*), par MARIOT-DIDIEUX. In-18. 75 c.

Pigeons (*De l'éducation des*), **Oiseaux** de luxe, de volière et de cage, par A. ESPANET. 1 vol. in-18. 1 fr.

Pisciculteur (*Guide du*), par J. REMY et le Dʳ HAXO. In-18, grav. 1 50

Porcs (*Du traitement des* aux différentes époques de l'année, en santé et maladie, etc. Extrait des meilleurs ouvrages anglais, par J. A. G. 1 vol. in-18 avec 30 figures dans le texte. 1 25

Porcs (*Guide de l'éleveur de*), par J. ALLIBERT, professeur de zootechnie à Grignon. 1 vol. in-18. (*Sous presse.*)

Porcheries (*De l'établissement des*), dispositions diverses, construction, par J. GRANDVOINNET, 1 vol. in-18 avec 95 fig. dans le texte. 2 50

Poules (*De l'éducation des*), **Dindes**, **Oies** et **Canards**, par le F. Alexis ESPANET. 1 vol. in-18. 1 fr.

Poules et Poulets (*Guide de l'éleveur de*), par J. ALLIBERT, professeur de zootechnie à Grignon. 1 vol. in-18. 75 c.

Races bovines (*De l'amélioration des*) en France, et particulièrement dans les départements de l'Est, par Théodore DE SAINT-FERJEUX. In-18, 2ᵉ édit. 1 fr.

Récoltes dérobées (*Des*), comme fourrages et engrais verts en général, et de la culture de la *Moutarde blanche* en particulier, trad. de l'anglais et annoté par J. A. G. 1 vol. in-18 avec fig. 75 c.

Semailles en ligne (*Des*) et des **Semoirs mécaniques**, par F. GEORGES. In-18. (Extrait de l'*Agriculteur praticien*.) 50 c.

Sorgho à sucre (*Guide du cultivateur du*), suivi de l'indication des diverses applications industrielles de cette plante et des appareils y appropriés, par Paul MADINIER et G. DE LACOSTE. 1 vol. in-18. 1 fr.

Système Guénon, en forme de catéchisme, à l'usage des élèves des fermes-écoles, par Anacharsis COMBES. In-18. 30 c.

Topinambour (*Du*). Culture, alcoolisation, panification de ce tubercule, par DELBETZ, cultivateur. 1 vol. in-18. 1 25

Vers à soie (*Guide de l'éleveur de*), par MM. GUÉRIN-MÉNEVILLE, et Eugène ROBERT, directeur de la Magnanerie expérimentale de Sainte-Tulle. 1 vol. in-18 avec figures. 75 c.

Visite à un véritable agriculteur praticien, par DURAND-SAVOYAT, propriétaire-cultivateur. 1 vol. in-18. 1 25

AGRICULTURE.

Abeilles (*Culture des*) dans une nouvelle ruche à étages, par DUVERNAY aîné. 1 vol. in-8º de 156 pages. 3 50

Abeilles (*De l'anesthésie ou asphyxie momentanée des*), ses inventeurs et ses prôneurs, par HAMET. In-18. 40 c.

Abeilles (*Education des*). (*Voir* page 3.)

Abeilles (*Education des*), ou *Apiculture*. (*Voir* page 3.)

Abeilles (*Manuel de l'éducateur d'*), par DE FRARIÈRE. In-18. 3 50

Abeilles (*Méthode certaine et simplifiée pour soigner les*), par FÉBURIER. 1 vol. petit in-18, fig. 25

Abeilles (*Guide de l'éleveur d'*). (*Voir* page 3.)

Abeilles (*Le conservateur ou la culture perfectionnée des*), d'après les méthodes les plus récentes et avec application de celle de Nutt. In-8 avec 3 pl., 1843. 1 50

Agriculteur praticien (*L'*), *Revue de l'Agriculture française et étrangère*, 4e année. Prix de l'abonnement. 6 fr.
La 1re, la 2e et la 3e année, ensemble. 15 fr.
Chaque année séparément. 6 fr.
Agriculteur (*L'*) *praticien*, par V.-P. Rey. In-12. 2 fr.
Agriculture. *Quelques Observations pratiques.* (*Voir* page 3.)
Agriculture (*Cours d'*), par de Gasparin. 5 vol. in-8. 37 50
Agriculture (*Manuel populaire d'*), par Vigneral. 1 vol. in-8. 1 25
Agriculture du centre, par Cancalon. 1 vol. in-8. 2 50
Agriculture (*Cours d'*), de **Viticulture** et de **Jardinage**, par Mathieu Risler père. 1 vol. in-18. 2 fr.
Agriculture (*Cours élémentaire d'*), par Girardin et Dubreuil. 2 vol. in-18, 900 grav. dans le texte. 15 fr.
Agriculture (*Manuel d'*), par demandes et par réponses, à l'usage des écoles primaires et des propriétaires ruraux, par Bruno. In-18. 40 c.
Agriculture (*Manuel élémentaire d'*), à l'usage des écoles primaires des départements de la Meuse, de la Meurthe, de la Moselle et des Ardennes, par L. Gossin. 1 vol. in-18. 1 fr.
Agriculture et Hygiène vétérinaire (*Principes d'*), par Magne, professeur à l'École d'Alfort. 1 vol. in-8. 10 fr.
Agriculture pratique (*Cours complet d'*), par Burger, Pfeil, Rohlwes, etc., traduit de l'allemand par Noirot ; suivi d'un traité sur les vers à soie et la culture du mûrier, par Bonafous. 1 vol. in-4. 10 fr.
Agronomie (*Principes de l'*), par de Gasparin. In-8. 3 75
Alcoolisation générale. (*Voir* page 3.)
Almanach de l'Agriculteur praticien pour 1857. (*Voir* page 3.)
Amendements et Engrais (*Petit traité des*). (*Voir* page 3.)
Amendements et prairies. (*Voir* page 3.)
Ampélographie rhénane, ou Description des cépages les plus cultivés dans la vallée du Rhin et dans plusieurs contrées viticoles de l'Allemagne méridionale, par J.-L. Stoltz. 1 vol. in-4 orné de 32 pl. : fig. noires, 15 fr. ; — figures coloriées 25 fr.
Animaux (*Recherches expérimentales sur l'alimentation et la respiration des*), par J. Allibert. In-8. 1 50
Annales agricoles de Roville, par M. de Dombasle. 9 vol. in-8. 61 50
Apiculture (*l'*) **perfectionnée**, ou *Théorie et application pratique de la direction des rayons*, par J. Greslot. 1 vol. in-18 avec 30 fig. 1 50
Apiculture simplifiée, ou nouvelles Instructions sur l'éducation des abeilles, par A. N. Desvaux. 1 vol. in-18. 1 25
Apiculture (*Petit traité d'*), ou *Art de soigner les abeilles*, par Hamet. 1 vol. petit in-18, 50 fig. 60 c.
Aviculture. Des moyens à employer pour engraisser l'oie et le canard, par Comarmond. In-8. 1 50
Bétail en ferme (*Du*). (*Voir* page 3.)
Bêtes à laine (*Manuel de l'éleveur de*). Notions pratiques sur le choix, l'élevage, le bon entretien et les maladies de ces animaux domestiques, par Roche-Lubin. 1 vol. in-18. 2 50
Betterave (*Traité pratique de la culture et de l'alcoolisation de la*). (*Voir* page 3.)
Betteraves (*Traité pratique de la culture des différentes espèces de*), procédé pour les conserver par la dessiccation, etc., tr. de l'allem. par Sarrazin. In-18. 2 fr.
Blé (18 *millions d'hectolitres de*) *pour rien*, ou Conseils aux agriculteurs français, par Jacquin aîné. In-8. 50 c.

Bois (*Des qualités et de l'usage du*) sous le rapport économique et industriel. In-18. 25 c.

Bois (*De la culture et de l'aménagement des*). In-18. 25 c.

Bois (*Traité du cubage des*), ou Tarifs pour cuber les bois carrés ou de charpente, les bois en grume au 5e et au 6e réduit, par Gussot. In-8, 4e édit. 1 25

Bois en grume (*Tarif métrique pour la réduction des*) en bois équarris, mesurés de 3 en 3 cent., etc., par Fouchard. In-18. 2 50

Bon conseiller (*Le*) **des Cultivateurs**, ou Instruction pratique sur les quatre principaux points de l'agriculture, par Rivière. In-18. 1 fr.

Botanique agricole et médicale, ou Etude des plantes qui intéressent principalement les vétérinaires et les agriculteurs, etc., par J.-A. Rodet. 1 vol. in-8, 328 fig. 12 fr.

Boulangerie des familles. Faire le pain chez soi, par Eeckman-Lecroabt. In-18. 50 c.

Cailles d'Europe (*Instruction pratique pour élever les*). (Vr p. 3.)

Calendrier du bon Cultivateur, par Mathieu de Dombasle, 9e édit. 1 vol. in-12 avec pl. 4 75

Canards. (Voir *l'Education des poules*, de F. Alexis Espanet.)

Canne à sucre de la Chine (*Monographie de la*), dite *Sorgho à sucre*, par le docteur Sicard. In-8. 4 fr.

Catéchisme agricole, à l'usage des écoles rurales, par M. Greff. 3e édit. In-18. 50 c.

Cheval (*Traité de l'extérieur du*) et des principaux animaux domestiques, par Lecoq. 1 vol. in-8, 155 fig. 3e édit. 9 fr.

Cheval (*Choix du*). Appréciation des caractères à l'aide desquels on reconnaîtra l'aptitude des chevaux aux divers services, par Magne, professeur à l'Ecole d'Alfort. 1 vol. in-12 et 5 planches. 1 25

Chimie (*Leçons élémentaires de*), par J. Malaguti. 2 vol. in-18, fig. dans le texte. 10 fr.

Chimie agricole (*Analyse des cours de*), professés en 1854 et 1855, par Malaguti, à la Faculté des sciences de Rennes. 2 vol. in-18. 2 fr.

Chimie agricole (*Leçons de*) professées en 1847, par Malaguti. 1 vol. in-18. 3 50

Chimie agricole (*Petit cours de*), à l'usage des écoles primaires, par F. Malaguti. 1 vol. in-18, fig. 1 25

Chimie agricole (*Traité de*) à la portée de tous les cultivateurs, par P. Joigneaux. 1 vol. in-18, 1845. 2 25

Conseils aux agriculteurs sur les moyens de prévenir l'indigestion gazeuse connue dans nos campagnes sous le nom d'enflure des vaches, par Mathurin Papin, médecin vétérinaire. In-18. 30 c.

Conseils aux cultivateurs bretons sur *l'hygiène des animaux domestiques*, ou Connaissance des moyens de les entretenir et conserver en santé, par Mathurin Papin, médecin vétérinaire. 1 vol. in-12. 1 75

Cubage des bois en grume et équarris (*Tarif de poche* ou *Traité portatif du*), s'appliquant aux divers systèmes en usage; *vade-mecum* des agents forestiers, etc., par Hurtault-Bance, ancien marchand de bois. In-8. 80 c.

Cubage des bois équarris (*Tarif métrique pour le*), etc., par Fouchard père. 1 vol. in-18. 4 fr.

Cuisinier (*Le*) **des Cuisiniers**, ou l'Art de la cuisine enseigné d'après les plus grands maîtres anciens et modernes. 1 vol. in-18, fig. 3 50

Cultivateur (*Manuel du*), à l'usage des fermes-écoles et des établissements d'instruction, par Lefour, inspecteur général de l'agriculture.

1er vol. Arithmétique et Comptabilité agricoles. 1 25

2e vol. Agriculture, 1re partie, Sol et Engrais. 1 25
3e vol. Géométrie agricole. 1 25
4e vol. Animaux domestiques, 1re partie. 1 25
5e vol. *Id.* *id.* 2e partie. 1 25
Cuisinière (*La*) **de la ville et de la campagne**, ou nouvelle Cuisine économique, par L. E. A. 36e édit. 1 vol. in-12 avec 300 fig. 3 fr.
Cultivateur améliorateur (*Guide du*), par E. Lecouteux. 1 vol. in-8. 4 fr.
Culture (*De la petite*). (*Voir* page 3.)
Culture améliorante (*Principes économiques de la*), par Edouard Lecouteux. 1 vol. in-18. 2 50
Dindes. (*Voir l'Education des Poules* de F. Alexis Espanet.)
Dindons et Pintades (*Guide de l'éleveur de*). (*Voir* page 3.)
Drainage (*Manuel populaire du*), par A. Vitard. 1 vol. in-18. 3 50
Drainage (*Instructions sur le*), publiées sous les auspices de la commission hydraulique de la Sarthe. In-12, 2e édition. 75 c.
Drainage (*Du*), par Félix Réal. In-18. 25 c.
Drainage. L'art de tracer et d'établir les drains. (*Voir* page 3.)
Drainage. Commentaire de la loi du 17-23 juillet 1856, suivi de la législation sur les irrigations, etc., par L. Tripier. 1 vol. in-8. 3 fr.
Droit rural (*Dialogues sur le*), par Valserres. 1 vol. in-12. 60 c.
Economie rurale, considérée dans ses rapports avec la chimie, la physique et la météorologie, par J.-N. Boussingault. 2 v. in-8, 2e éd. 15 fr.
Economie rurale (*Essai sur l'*) de l'Angleterre, de l'Ecosse et de l'Irlande, par Léonce de Lavergne. 2e édit. In-12. 3 50
Eléments d'agriculture, par J. Bodin. 1 vol. in-18, 3e édit., revue, augm. et ornée de planches. 1 75
Engrais azotés (*Des*), par de Gasparin, extrait par Gueymard, avec un tableau comparatif de la puissance de 119 engrais. In-18. 25 c.
Engrais (*Des*) en général, et spécialement de la manière de traiter les fumiers et le purin pour en conserver toute la valeur fertilisante, suivi de la manière de traiter les matières fécales, par M. Greff. In-8. 40 c.
Engraissement du gros bétail et des veaux, porcs, bêtes à laine et volailles, par Evon. 1 vol. in-8. 3 fr.
Engraissement (*Observations et conseils pratiques sur l'*) des veaux, des vaches et des bœufs, par Favre d'Evire. 1824, in-8. 75 c.
Enseignement de l'agriculture (*Guide de l'*), considérée comme profession, par Thaer, traduit par Sarrazin. 1 vol. in-12. 2 50
Fécondation (*De la*) et de l'Eclosion artificielles des œufs de poisson et de l'éducation du frai suivant le procédé de MM. Gehin et Remy, par Godenier. In-8. 1 fr.
Fécondation artificielle et Éclosion des œufs de poisson, par le docteur Haxo. Brochure in-8. 2 50
Fécondation et Éclosion artificielle des œufs de poisson et éducation du frai. In-8. 25 c.
Forêts (*Traité pratique de l'estimation des*) et de l'exploitation des bois de charpente, par F. et T. Challeton. 1 vol. in-8, autographié. 3 fr.
Fours économiques à circulation d'air chaud, par A. Castermann. 1 vol. grand in-8 avec 5 pl. 2e édit. Bruxelles. 2 50
Fumiers considérés comme engrais (*Des*), par Girardin. 5e édit. 1 vol. in-16 avec 11 fig. 1 25
Fumier de ferme (*Le*). (*Voir* page 3.)
Géologie appliquée aux arts et à l'agriculture, par d'Orbigny et Gente. 1 vol. in-8. 8 fr.

Grains (*Traité sur la vente des*) à la mesure, au poids de l'hecto-litre ou au quintal métrique, etc.; par HUBAINE. In-4. 2 50

Grains (*Guide des négociants en*), des minotiers, meuniers et bou-langers, par L. BAX fils aîné. In-8. 2 fr.

Herbier agricole, ou Liste des plantes les plus communes, par J. BODIN. 1 vol. petit in-18 orné de 110 figures. 1 50

Il faut semer clair, ou Moyen de remédier à la disette des céréales, trad. de l'anglais, de DAVIS, par DE THIER. In-18. 30 c.

Irrigation (*Manuel d'*). (*Voir* page 3.)

Irrigations (*Petit Traité des*). (*Voir* page 3.)

Irrigations (*Guide pratique pour les*), le drainage et la culture des oseraies, suivi des lois qui les concernent, par P.-J. BRASSART. In-18. 50 c.

Itinéraire en Angleterre, par M. Conrad DE GOURCY. In-8. 1 fr.

Laiterie (*La*), suivie de la fabrication des fromages. (*Voir* page 3.)

Landes de Bretagne (*Mise en valeur des*) par le défrichement et par l'ensemencement en bois, par le général DE LOURMEL. In-8. 2 fr.

Landes de Gascogne (*Les*), routes et canaux, par C. DE SAULNIERS. 1 vol. in-8. 3 fr.

Lapin domestique (*Traité pratique de l'éducation du*). (*Voir* p. 3.)

Maïs (*Du*). (*Voir* page 3.)

Maïs (*Alcoolisation des tiges du*) et du *Sorgho sucré*. (*Voir* p. 3.)

Maison Rustique des dames, par Mᵐᵉ MILLET-ROBINET. 2 vol. in-12, avec 250 gravures. 3ᵉ édition. 7 50

Maison Rustique du XIXᵉ siècle, publiée sous la direction de MM. BAILLY, BIXIO et MALEPEYRE. 5 vol. gr. in-8 ornés de 2,500 gr. 39 50

Manuel d'Horticulture et d'Agriculture pour le département de la Gironde, par J.-C. RAMEY. 1 vol. in-12. 1 75

Médecin des campagnes (*Le*), par le docteur MOREAU. In-18. 2 fr.

Meunerie (*Traité pratique de la*), par E.-J. HANON. 1 vol. in-8 de 88 pages. 10 fr.

Meunier (*Le bon*), ou l'Art de bien moudre, par J.-P. MOREAU. Bro-chure in-8, 2ᵉ édit. 1 75

Moniteur agricole, publié par M. MAGNE, professeur à l'École vétéri-naire d'Alfort, pendant les années 1848, 49 et 50. — 3 vol. in-8, avec un grand nombre de lithographies. 10 fr.

Mouches à miel (*Traité sur les*), suivi des procédés pour faire le miel et la cire, avec divers modèles de ruche, par BONNARDEL. In-8. 1 50

Moudre (*L'Art de*), ou Mémoire sur les moyens employés pour em-pêcher que la chaleur produite par la pression et le frottement des meules soit préjudiciable à la farine, par A. VAN LERBERGHE. In-8. 1 50

Moutons (*Guide de l'éleveur et de l'engraisseur de*). (*Voir* p. 3.)

Mûrier (*De la culture du*), par BOYER et LABAUME. In-8. 3 fr.

Mûriers (*Instruction sur la culture des*). In-18. 25 c.

Muscardine. par GUÉRIN-MÉNEVILLE. In-8. 3 fr.

Notes agricoles extraites de divers journaux anglais. In-8. 1 fr.

Notes extraites d'un voyage agricole dans l'ouest, le sud-ouest, le midi et le centre de la France, par Conrad DE GOURCY. In-8. 1 50

Oies. (Voir *l'Education des poules* de F. Alexis ESPANET.)

Oiseaux de basse-cour (*Manuel de l'éleveur d'*) et de **Lapins**, par Mᵐᵉ MILLET-ROBINET, 2ᵉ édit. 1 vol. in-12 avec gravures. 1 25

Oiseaux de luxe, de volière et de cage. (*Voir* page 3.)

Osier (*Traité pratique de la culture de l'*) et de son usage dans l'industrie de la vannerie fine et commune, suivi d'un aperçu sur l'art du vannier, par A. MOITRIER. 1 vol. in-8 avec 4 pl. 2 fr.

Pain (*Du*) et des Moyens d'obtenir une économie de 30 à 40 pour cent dans sa fabrication, par l'emploi d'un nouveau farineux qui a toutes les propriétés du froment, par BEAUX. 1 vol. in-18. 1 50

Paysans (*Les*) français, considérés sous le rapport économique, agricole, médical et administratif, par Anacharsis COMBES, président du Comice agricole de Castres, et Hipp. COMBES, doct.-méd. 1 v. in-8. 6 fr.

Pêcheur (*Le*) français. Traité de la pêche à la ligne en eau douce, par C. KRESZ aîné. In-12, 5ᵉ édit. 5 fr.

Pigeons (*De l'Education des*). (*Voir* page 4.)

Pigeons de colombier et de volière (*Guide de l'éleveur de*). (*Voir* page 3.)

Pisciculteur (*Guide du*). (*Voir* page 4.)

Pisciculture. Rapport sur le repeuplement des cours d'eau et sur les travaux de pisciculture de M. MILLET, suivi des *Etudes sur les fécondations artificielles des œufs de poisson*, par MM. DE QUATREFAGES et MILLET. In-8. 1 25

Pisciculture (*Eléments de*), ou résumé des expériences faites au château de Maintenon, par Isidore LAMY. 1 vol. in-18 avec fig. 1 25

Pisciculture, Pisciculteurs et Poissons, par Eugène NOEL. 1 vol. in-18 1 25

Plantes fourragères, par Gustave HEUZÉ, professeur d'agriculture à Grignon. 1 vol. in-8 orné de 20 pl. col. et de 38 vignettes. 9 fr.

Plantes fourragères (*Petit traité de la culture des*), par P.-A. DE THIER. In-18. 75 c.

Plantes-Racines (*Culture des*), par Max. LE DOCTE. In-18. 1 25

Planteur (*Manuel du*). Du reboisement, de sa nécessité et des méthodes pour l'opérer avec fruit et économie, par H. DE BAZELAIRE. 1 vol. in-12. 1 25

Police rurale (*Manuel de*). Ouvrage utile aux fonctionnaires publics et aux propriétaires, par THIROUX, 3ᵉ édit. 1 vol. in-18. 2 fr.

Pommes de terre (*Culture et conservation des*). In-18. 25 c.

Pommes de terre (*Maladie des*). Découverte des causes, révélation des moyens de remédier au mal, études sur la maladie, par LEFEBVRE. 1 vol. in-8. 2 50

Pommier à cidre (*Traité pratique de l'éducation et de la culture du*), par PRÉVOST, professeur d'agriculture à Rouen. In-18. 40 c.

Porcs (*Du Traitement des*). (*Voir* page 4.)

Porcs (*Guide de l'éleveur de*). (*Voir* page 4.)

Porcheries (*De l'établissement des*). (*Voir* page 4.)

Poules (*De l'Education des*), **Dindes, Oies** et **Canards.** (*Voir* p. 4.)

Poules et Poulets (*Guide de l'éleveur de*). (*Voir* page 4.)

Poules bonnes pondeuses (*Les*) reconnues au moyen de signes certains, et indications pratiques pour faire des poulets et des volailles grasses, par L. PRANGE, vétérinaire. 1 vol. in-12. 1 75

Poules (*Education lucrative des*), ou traité raisonné de gallinoculture, par MARIOT-DIDIEUX. 2 vol. in-12. 5 fr.

Poules (*Instruction sur l'éducation des*), des poulets, des chapons et des poulardes. In-12. 25 c.

Prairies artificielles (*Essai sur les*), luzerne, trèfle ordinaire, trèfle printanier et sainfoin ou esparcette, par H. MACHARD. 1 vol. in-18. 1 fr.

Prairies naturelles (*Instruction pratique sur la création des*), par BOSSIN. In-8. 75 c.

Production de l'alcool (*De la*) par la distillation du jus de betterave (système Champonnois). In-18. 1 50

Promenades agricoles dans le centre de la France, par Conrad DE GOURCY. In-8. 1 fr.

Promenades agricoles (*Lectures et*), par J. BODIN. Petit in-18. 60 c.

Propriétaire architecte, contenant des modèles de maisons de ville et de campagne, de remises, écuries, orangeries, serres, etc., par U. VITRY. 2 vol. in 4 avec 100 grav. 20 fr.

Races bovines (*Amélioration des*). (*Voir* page 4.)

Récoltes dérobées (*Des*). (*Voir* page 4.)

Régulateur général et perpétuel des boulangeries de France, par THIBAULT, ancien meunier. In-plano. 2 fr.

Ruche française et *Éducation des abeilles*, par VAREMBEY. 1 vol. in-8 avec fig. 3 fr.

Sangsues (*De l'Élève et de la Multiplication des*), visite aux marais des environs de Bordeaux, par QUENARD. In-8. 75 c.

Sangsues (*Notice sur le marais à*) de Clairefontaine, par E. SOUBEI-RAN. In-8. 75 c.

Semailles en ligne et Semoirs. (*Voir* page 3.)

Sériciculture (*Petit Traité de*), par HAMET. 1 petit in-18, fig. 50 c.

Sol (*Du Morcellement du*), par TISSOT. 1 vol. in-8. 1 50

Sorgho à sucre (*Le*). Culture, récolte, emploi de la graine, extraction du jus sucré, distillation, etc., par Paul MADINIER. In-8. 60 c.
(Extrait de l'*Agriculteur praticien*.)

Sorgho à sucre (*Guide du cultivateur du*). (*Voir* page 3.)

Sorgho sucré. Résumé de deux rapports adressés à la Société d'agriculture des Bouches-du-Rhône, par ALPHANDÉRY. In-8, 3e édit. 60 c.

Sorgho à sucre (*Guide du distillateur du*), par F. BOURDAIS, distillateur à Constantine. In-8. 1 fr.

Système Guénon, en forme de catéchisme. (*Voir* page 4.)

Tarif régulateur et perpétuel pour le commerce des blés et farines, par L. THIBAULT. In-8. 1 50

Taupier (*L'Art du*), ou Méthode amusante et infaillible pour prendre les taupes, par DRALET. 16e édit. 1 vol. in-12, fig. 1 fr.

Topinambour (*Du*). (*Voir* page 4.)

Trésor des laboureurs (*Le*). Adages, maximes et proverbes agricoles, par Ch. LEMAOUT. 1 vol. in-18. 1 50

Truite (*De la Pisciculture de la*), par COMARMOND. In-8. 2 fr.

Vaches (*De la Castration des*), par CHARLIER, vétérinaire. In-8 avec figures. 2 fr.

Vaches laitières (*Choix des*). Description de tous les signes à l'aide desquels on peut apprécier les qualités lactifères des vaches, par MAGNE. In-18 avec figures. 1 25

Vaches laitières (*Des Moyens de distinguer les bonnes*), par EVON. Brochure in-8 avec fig. 1 50

Végétaux (*Recherches sur les maladies des*) et particulièrement sur la maladie de la vigne, par GUÉRIN-MÉNEVILLE. In-8. 25 c.
Extrait de l'*Agriculteur praticien*.

Vers à soie (*Guide de l'éleveur de*). (*Voir* page 4.)

Vers à soie (*Éducation des*), comprenant l'éclosion des œufs, l'éducation des vers à soie, la formation et la récolte des cocons, la conservation de la graine. 2 brochures in-12. 50 c.

Vers à soie (*Éducation des*). Tableau synoptique de toutes les opérations, jour par jour, de l'éducation des vers à soie. 2 pag. in-fol. 25 c.

Vers à soie (*Gattine des*), ou Étude des causes du fléau qui a frappé plus ou moins les éducations de 1856, par J. CHARBEL. In-8. 75 c.

Vers à soie (*Manière la plus profitable d'élever les*), et sur les moyens de prévenir et guérir la muscardine, par le docteur BASSI, traduit de l'italien, par F. CAZALIS, médecin. In-8.　　1 fr.

Vigne (*Nouvelle Culture de la*) en plein champ, sans échalas ni attaches, par TROUILLET. 1 vol. in-18 avec 12 belles gravures.　　1 50

Vigne (*Observations sur la maladie de la*), par MARÈS. In-8. 1 fr.

Vigne (*Mémoire sur la maladie de la*) et sur le moyen curatif, par PASCAL. In-8.　　50 c.

Vigne (*Nouveau Mode de culture et d'échalassement de la*), applicable à tous les vignobles où l'on cultive les vignes basses, par T. COLLIGNON. 1 vol. in-8 avec 3 pl.　　3 fr.

Vigne malade (*Guérison de la*) par un nouveau mode de culture, par l'abbé J.-B. DELPY. In-8.　　2 fr.

Vigne (*Maladie de la*). In-8.　　25 c.

Vignes (*La Maladie des*). Notice contenant quelques observations au sujet d'un rapport à M. le ministre de l'intérieur sur les vignes malades, par F. GUERIN-MÉNEVILLE. In-18.　　75 c.

Vinification (*Traité pratique de*), ou Guide des propriétaires, vignerons, négociants, etc., par H. MACHARD. 2e édit. 1 vol. in-18.　　2 fr.

Vins (*Art d'améliorer les*) et de les guérir des diverses maladies qui peuvent les affecter. In-12 de 32 pages.　　1 25

Visite à un véritable agriculteur praticien. (*Voir* page 3.)

Viticulture (*Premières Notions de*) et d'œnologie, dédiées à la jeunesse des écoles primaires dans les contrées viticoles, par STOLTZ. In-18 accompagné de 19 pl.　　90 c.

Voyage agricole en Belgique et dans plusieurs départements de la France, par Conrad DE GOURCY. 1 vol. in-8.　　3 50

Voyage agricole (*Second*) en Belgique, en Hollande et dans plusieurs départements de la France, par le même. In-8.　　4 50

Voyage agricole (*Notes extraites d'un*) dans l'ouest, le sud-ouest, le midi et le centre de la France, par le même. In-8.　　1 50

Voyage agricole en France, en Allemagne, Hongrie, Bohême et Belgique, par le même. In-12.　　3 50

Voyage agricole (*Troisième*) en Angleterre et en Ecosse. In-8. 5 fr.
　　—　　dans l'intérieur de la France. In-8.　　3 50

Zootechnie, ou Science qui traite du choix des animaux domestiques, de leur conservation, de leur rendement et des principales maladies dont ils peuvent être affectés, par Ch. KNOLL aîné, vétérinaire. 2 vol. grand in-8 avec un grand nombre de gravures.　　12 fr.

Bibliothèque de l'Horticulteur praticien.

Almanach du jardinier-fleuriste pour 1857, suivi de quelques notes sur le jardin potager, 4e année. 1 vol. in-18 avec fig. dans le texte.　　50 c.

Arboriculture (*Pratique raisonnée de l'*), par PICOT-AMETTE, horticulteur. 1 vol. in-18 avec 12 planches.　　2 50

Arbres fruitiers (*Instructions élémentaires sur la taille des*), par LACHAUME, ancien jardinier en chef de Petit-Bourg. 1 vol. in-18 orné de 20 figures dans le texte.　　75 c.

Asperges (*Instructions pratiques sur la plantation des*), par Bossin. 2e édition. 1 vol. in-18. 75 c.

Camellias (*Traité de la culture des*), par J. de Jonghe. 2e édit. 1 vol. in-18. 1 fr.

Champignons comestibles et vénéneux (*Traité élémentaire des*), par Dupuis. 1 vol. in-18 avec 8 pl. col. 1 75

Chrysanthème de l'Inde (*Culture du*), suivie d'une monographie contenant la description de 250 variétés, par Bernieau, horticulteur. 1 vol. in-18. 1 fr.

Fuchsia (*Histoire et Culture du*), suivies de la description de 540 espèces et variétés, par F. Porcher. 1 vol. in-18. 1 25

Horticulteur praticien (*L'*), *Revue de l'Horticulture française et étrangère*, publiée avec le concours des amateurs, des horticulteurs et des présidents de sociétés d'horticulture de France et de l'étranger, sous la direction de M. Galéotti, directeur du Jardin botanique de Bruxelles.

L'*Horticulteur praticien* paraît le 1er de chaque mois, par livraison de 24 pages grand in-8, accompagnée de 2 belles lithographies color. **Prix de l'abonnement pour l'année : 9 fr.**

Jardin-Fleuriste (*Le*), ou Instructions simples et précises à l'usage des amateurs et des horticulteurs, pour la culture des plantes d'ornement, annuelles ou vivaces, oignons à fleurs, etc., par Charles Lemaire. 1 vol. in-18 avec figures. 3 50

Jardinier-Fleuriste pour 1856 (*Guide du*), ou *Instructions pratiques* sur la culture des plantes de pleine terre, annuelles et bisannuelles, vivaces, arbustes et arbrisseaux, par J. Lachaume. 1 vol. in-18 fig. 3 50

Melons (*Culture des*). Méthode simple et précise pour obtenir les melons d'une grosseur extraordinaire, etc., par Dufour de Villerose. 1 vol. in-18 avec 5 grav. pour l'explication des tailles. 75 c.

Pêcher en espalier (*Instructions pratiques sur la culture du*), par Lasnier, horticulteur. In-18. 50 c.

JARDINAGE.

Almanach du jardinier-fleuriste pour 1857. (*Voir* page 11.)

Arboriculture (*Cours élémentaire et pratique d'*), par A. Dubreuil. 3e édit. 2 vol. in-18. 9 fr.

Arboriculture (*Pratique raisonnée de l'*). (*Voir* page 11.)

Arbres (*Traité élémentaire de la taille des*), par Ch. Ramey; ouvrage couronné par la Société d'horticulture de la Gironde. 1 vol. in-12 orné de 32 fig. 1 50

Arbres fruitiers (*Instruction élémentaire sur la conduite des*), par Dubreuil. 1 vol. in-18 fig. 2 fr.

Arbres fruitiers (*Instruction élémentaire sur la taille des*). (*Voir* page 11.)

Arbres fruitiers (*Instruction élémentaire sur la conduite et la taille des*), par Croux. In-8 avec fig. 3 50

Arbres fruitiers (*Tableau de la conduite et de la taille des*), avec texte explicatif, par l'abbé Dupuy. In-plano. 2 fr.

Arbres fruitiers (*Traité théorique et pratique de la taille des*), par L. de Bavay. 1 vol. in-8 avec 10 planches. 3 50

Arbres fruitiers (*Pratique raisonnée de la taille des*) et de la vigne, par Cossonet. 1 vol. in-8 avec 21 planches. 5 fr.

Arbres fruitiers (*Taille raisonnée des*), suivie de la description des greffes les plus usitées, p. J.-A. HARDY. 1 v. in-8, fig. dans le texte.   5 50

Arbres fruitiers (*De la Culture des*), par P. JOIGNEAUX. In-18.   1 25

Arbres fruitiers. Taille et mise à fruit, par PUVIS. 2e édition. 1 vol. in-18.   1 25

Arbres fruitiers. Maladies et guérison, par RUBENS. 1 vol. in-18.   1 25

Asperges (*Instruction pratique sur la plantation des*). (*Voir* p. 11.)

Asperges (*Traité complet de la culture naturelle et artificielle des*), par LOISEL. 1 vol. in-12.   1 25

Bon Jardinier (*Le*) pour 1857, par POITEAU, VILMORIN, DECAISNE, NEUMANN, PÉPIN. 1 vol. in-12.   7 fr.

Bon Jardinier (*Figures de l'Almanach du*), par DECAISNE, 19e éd., 632 grav. et 45 pl. 1 vol. in-12.   7 fr.

Botanique (*Atlas élémentaire de*), avec le texte en regard, comprenant l'organographie, l'anatomie et l'iconographie des familles d'Europe, par le docteur LE MAOUT. In-4. 2,540 fig.   15 fr.

Botaniste (*Petit Manuel du*) et de l'herboriste, accompagné de planches explicatives et suivi de quelques principes de médecine, de pharmacie et d'économie domestique, par L. F., F. M. et P. M. 2e éd. 1 vol. in-12.   1 75

Boutures (*Notions sur l'art de faire les*), par NEUMANN. 3e édition. 1 vol. avec 31 figures.   2 fr.

Boutures. (*Voir le* Guide du jardinier-fleuriste.)

Cactées *Culture.* Synonymie, Classification et Table alphabétique des espèces et variétés, par LABOURET. 1 vol. in-12.   7 50

Camellias (*Traité de la culture des*). (*Voir* page 11.)

Catalogue descriptif et raisonné des arbres fruitiers et d'ornement des pépinières de André LEROY. In-8.   1 50

Catalogue général et raisonné des arbres, arbustes, arbrisseaux d'ornement, etc., par CROUX. In-4.   1 50

Catalogue raisonné et précédé d'instructions sur la plantation, la taille des arbres fruitiers, arbustes et rosiers cultivés chez JAMAIN et DURAND. In-4.   1 50

Champignons (*Traité pratique de la culture des*), par SALLE. In-18.   1 fr.

Champignons comestibles et vénéneux (*Traité élémentaire des*). (*Voir* page 11.)

Chimie et Physique horticoles, par DEHERAIN. 1 vol. in-18.   1 25

Chrysanthème de l'Inde. (*Voir* page 12.)

Conifères (*Traité général des*), ou Description de toutes les espèces et variétés connues aujourd'hui ; leur synonymie, procédés de culture et de multiplication, par A. CARRIÈRE, chef des pépinières du jardin des Plantes de Paris. 1 vol. in-8.   10 fr.

Culture potagère (*Nouv. Traité de*) par JOIGNEAUX, 1 vol. in-18. 2 25

Culture potagère (*Petit Traité pratique de*) rustique et facile, par J. PREVOST. In-18.   40 c.

Cyclamen (*Instructions sur la culture du*), par J. DE JONGHE. In-18. (*Sous presse.*)

Fécondation naturelle et artificielle (*De la*) des végétaux et de l'hybridation, considérée dans ses rapports avec l'horticulture, l'agriculture et la sylviculture, par LECOQ. 1 vol. in-12.   3 50

Fleurs (*Album de*) annuelles et vivaces, publié par livraisons, par VILMORIN-ANDRIEUX. Prix de la liv.   4 fr.

Six liv. sont en vente. Chaque liv. se vend séparément.

Fleurs (*Instructions pour les semis de*) de pleine terre, avec l'indication de leur couleur, époque de floraison, culture, etc., par Vilmorin-Andrieux. 2ᵉ édit. In-16. 75 c.

Flore d'Alsace et des contrées limitrophes, par F. Kirschleger. Tome 1ᵉʳ, comprenant les *Plantes dicotyles pétalées.* 1 vol. in-18. 8 50

Flore du Dauphiné, par Mutel. 2ᵉ édition. 3 vol. in-16. 13 25

Flore élémentaire des jardins et des champs, avec des clefs analytiques conduisant promptement à la détermination des familles et des genres, et un vocabulaire des termes techniques, par le Maout et Decaisne. 2 vol. petit in-8. 9 fr.

Fuchsia (*Histoire et Culture du*). (*Voir* page 12.)

Greffe (*Traité complet de la*), contenant la description de 135 espèces de greffe, par Louis Noisette. 1 vol. in-12 avec 6 planches. 1 25

Greffes diverses. (*Voir* le Guide du jardinier-fleuriste.)

Horticulteur (*L'*) **praticien**, *Revue de l'Horticulture française et étrangère.* (*Voir* page 12.)

Horticulture (*Cours élémentaire d'*), théorique et pratique, par J. B. Verlot. 2 broch. in-18. 1 25

Jardinier (*Manuel complet du*) maraîcher, pépiniériste, botaniste, fleuriste et paysagiste, par Louis Noisette, 2ᵉ édit. 4 vol. in-8 et supplément. 30 fr.

Jardin-Fleuriste (*Le*). (*Voir* page 12.)

Jardinier-Multiplicateur (*Guide pratique du*), ou Art de propager les végétaux par semis, boutures, greffes, etc., par Carrière. In-18. 3 50

Jardins (*Traité de la composition et de l'ornement des*), avec 161 pl. représentant, en plus de 600 fig., des plans de jardins, des fabriques propres à leur décoration et des machines pour élever les eaux. 5ᵉ édit. 2 vol in-4 oblong. 25 fr.

Légumes (*Album de*), publié par livraisons, par Vilmorin-Andrieux. Prix de la livraison. 3 fr.

Six liv. sont en vente. Chaque liv. se vend séparément.

Melons (*Culture des*). (*Voir* page 12.)

Melons (*Traité complet de la culture des*), par Loisel. 3ᵉ édit. 1 vol. in-12. 1 25

Œillets (*Traité de la culture des*), par Ragonot-Godefroy. In-12, fig. 2ᵉ édit. 1 25

Pêcher en espalier (*Instructions pratiques sur la culture du*), par Lasnier, horticulteur. In-18. 50 c.

Pêcher en espalier carré (*Pratique raisonnée de la taille du*), par Al. Lepère. 1 vol. in-8 fig. 4 fr.

Pelargonium, par Thibault. 1 vol. in-18. 1 25

Pelargonium (*Traité complet de la culture des*), des **Calcéolaires**, des **Verveines** et des **Cinéraires**, par Chauvière et Lemaire. 1 vol. in-18. 2 50

Pensée (*La*), la **Violette**, l'**Auricule** ou Oreille-d'Ours, la **Primevère**. Histoire et culture, par Ragonot-Godefroy. 1 vol. in-18 avec fig. col. 2 fr.

Pépinières, par Carrière. 1 vol. in-18. 1 25

Plantes bulbeuses (*Essai sur la culture générale des*), par Lemaire. 1 vol. in-18. 1 25

Plantes potagères (*Description des*), par Vilmorin-Andrieux et Cie, 1 vol. 5 fr.

Poirier (*Taille du*) **et du Pommier** en fuseau, par Choppin. 1 vol. in-8, fig., 4ᵉ édition. 3 fr.

Poiriers (*Traité spécial de la taille des*) en quenouilles, rangés en 3 catég. selon les espèces et leur fécondité, par LASNIER. In-8 avec pl.   1 fr.

Reine-Marguerite (*Culture de la*), par MALINGRE, horticulteur. Brochure in-18.   30 c.

Rose (*La*), histoire, culture, poésie, par P.-L.-A. LOISELEUR-DES-LONGCHAMPS. 1 vol. in-12, fig.   3 50

Rosier, culture, multiplication. (*Voir le Guide du jardinier-fleuriste.*)

Serres (*Art de construire et de gouverner les*), par NEUMANN, chef des serres au Jardin des Plantes. 2e édit. 1 vol. in-4 avec 23 planches gravées.   7 fr.

Taille des Arbres simplifiée, suivie de **Conseils sur les pépinières.** 1 vol. in-18 avec planches, par F. LEFEVRE.   2 fr.

Thermosiphon (*Pratique de l'art de chauffer par le*), avec un article sur le **Calorifère à air chaud,** par A***. 1 vol. in-4 avec 21 pl. grav.   6 fr.

————◆————

PUBLICATIONS ÉTRANGÈRES.

Les abonnements à ces publications sont reçus à la Librairie centrale d'Agriculture, etc.

Belgique horticole (*La*), journal des jardins, des serres et des vergers, par C. MORREN; 7e année, publiée par livraisons mensuelles de 2 feuilles in-8 et 2 gravures coloriées. Prix de l'abonnement :   16 50

Camellias (*Nouvelle Iconographie des*), contenant les figures et la description des plus rares, des plus nouvelles et des plus belles variétés de ce genre, par A. VERSCHAFFELT, horticulteur. 12 livraisons par an. Prix de l'abonnement: 26 fr.

Feuille du cultivateur (*La*), paraissant le jeudi de chaque semaine, publiée par JOIGNEAUX. Prix de l'abonnement pour l'année :   17 fr.

Flore des serres et des jardins de l'Europe, description et figures des plantes les plus rares et les plus méritantes nouvellement introduites sur le continent ou en Angleterre, paraissant tous les mois en un cahier grand in-8 composé de 10 planches coloriées et de 32 pages de texte avec gravures sur bois. Ouvrage publié sous la direction de L. VAN HOUTTE.— Prix de l'abonnement :   38 fr.

Illustration horticole (*L'*), journal spécial des serres et des jardins, ou Choix raisonné des plantes les plus intéressantes sous le rapport ornemental, etc., rédigé par Ch. LEMAIRE et publié par A. VERSCHAFFELT. Un cahier grand in-8 tous les mois, gravures dans le texte et 4 planches coloriées. — Prix de l'abonnement :   18 fr.

Journal d'Agriculture pratique, d'économie forestière, d'économie rurale et d'éducation des animaux domestiques du royaume de Belgique, par Ch. MORREN; 6e année, publiée par livraisons mensuelles, avec planches col., portraits et grav. dans le texte. — Prix de l'abonnement :   15 fr.

Pomologie (*Annales de*), publiées par livraisons de planches grand in-8 avec texte, rédigées par MM. DE BAVAY, BIVORT, etc. — Prix de l'abonnement pour 12 livraisons, rendues franc de port :

Edition sur papier ordinaire,   26 fr.
— grand papier,   38

Ouvrages de M. Robinet,

Membre de la Société centrale d'Agriculture, professeur de sériciculture.

COCONS (*Procédé pour le battage des*). In-8.   1 50
MAGNANERIES (*Ventilation des*). In-8.   3 »
MURIER (*Quatre Mémoires sur le*). In-8.   1 50
MUSCARDINE (*La*), des causes de cette maladie et des moyens d'en
préserver les vers à soie. In-8.   3 »
PRODUCTION DE LA SOIE EN FRANCE (*Recherches sur la*). 1 vol.
in-8.   5 »
SOIE (*Mémoire sur la filature de la*). In-8, 7 pl.   4 50
SOIE (*Mémoire sur la formation de la*). In-8.   1 50
VERS A SOIE (*Éducation des*). 1 vol. in-8.   4 50
VERS A SOIE (*Manuel de l'éducateur de*). 1 vol. in-8.   3 50

Ouvrages de M. Leroy-Mabille.

EXAMEN DE LA THÉORIE DE M. PAYEN SUR LA MALADIE DE
LA POMME DE TERRE. Brochure in-8.   » 75
POMME DE TERRE (*Sur le moyen de guérir la*) par la plantation
d'automne, et d'en obtenir des récoltes plus abondantes et plus hâtives.
Brochure in-8.   » 75
POMME DE TERRE RÉGÉNÉRÉE PAR LA MATURITÉ (*La*), ouvrage
appuyé de sept années d'observations. In-8.   1 »
POMME DE TERRE (*Recherches sur la*) depuis 1768 ; sa dégénéra-
tion et sa régénération progressives prouvées par les faits. Br. in-8.   1 50
VIGNE GUÉRIE PAR ELLE-MÊME (*La*). In-8.   **1** »

Ouvrages de M. Isidore Pierre.

ALIMENTATION DU BÉTAIL (*Études sur l'*) au point de vue de la
production de la viande, de la graisse, des engrais, de la laine et du
lait. 1 vol. in-8.   1 75
AMMONIAQUE DE L'ATMOSPHÈRE, suivi des *Nouvelles recher-
ches*. In-8°, pl.   1 50
CHAUX (*Emploi comme amendement*). In-8.   » 50
CHIMIE AGRICOLE. In-12, 22 grav.   4 »
DRAINAGE. Résumé de deux leçons faites à la Faculté de Caen.
In-18.   » 50
FOURRAGES (*Recherches sur la valeur nutritive des*). 1 vol.
in-8.   1 75
FUMIER (*Plâtrage et Sulfatage du*) et désinfection des vidanges.
In-8.   » 50
MARNES. Emploi comme amendement. In-8.   » 50
OPUSCULES ET EXPÉRIENCES AGRONOMIQUES. 1 vol. in-8.   3 50
PLANTES NUISIBLES (*Recherches analytiques sur la composition
de diverses*) susceptibles d'être avantageusement employées pour l'ali-
mentation du bétail, et sur l'emploi comme fourrage des feuilles
d'orme, de lierre, de chêne et de peuplier. In-8°.   » 50
PRAIRIES ARTIFICIELLES (*De l'influence que peuvent exercer les
sulfates sur le rendement des*). In-8.   » 50
PRAIRIES NATURELLES (*Essais sur l'influence de quelques sul-
fates sur la végétation des*). In-8.   » 50
SAINFOIN (*De l'influence de diverses matières salines sur le rendement du*). In-8.   1 50
SUBSTANCES ALIMENTAIRES. Leçons faites à la Faculté des sciences
de Caen. In-18.   1 50

Evreux, A. HÉRISSEY, imprimeur. — 557.

BIBLIOTHÈQUE DE L'AGRICULTEUR PRATICIEN

A. GOIN, éditeur, quai des Grands-Augustins, 41

(1) *L'Agriculteur praticien*, revue de l'Agriculture française et étrangère ; 21 num
avec figures dans le texte. — Prix : 6 fr.

Évreux, A. HÉRISSEY, imp.